IPFS

原理與實戰

推薦序

Computing and the internet have transformed humanity. We live in an extraordinary time -- computers have amplified our capabilities and the internet has connected our species together. Software applications grant us all superpowers that our ancestors would have considered magical: we can access and search all information in seconds; we can talk face-to-face with anybody around the planet; we can broadcast our messages and speeches to everyone world-wide; and we have enhanced our minds with external computing and information storage. We have tremendous, awe-inspiring capabilities.

The properties of the internet determine our capabilities. All of these powers hinge on the properties of the internet -- if the internet breaks down, or is insecure, then so are our applications and our capabilities. We must ensure that the super-powers we have acquired continue to work, as our lives now depend on them. Most human coordination and collaboration happens over the internet-from our personal chats, to work emails, to industrial and cross-organization communication. Even hospitals, emergency services, and other systems rely on the internet. Our lives depend on how well the internet works! We must endeavor to make the internet more secure, efficient, resilient, and robust.

IPFS is upgrading the internet. We built IPFS, the InterPlanetary File System, to achieve this. IPFS is a hypermedia protocol that upgrades how we address and distribute content -- its key component is to replace Location Addressing (URLs) with Content Addressing (CID URIs). In the last few years, IPFS has created a powerful and robust application distribution platform, that millions of people benefit from world-wide. There are hundreds of thousands of computers running IPFS nodes today, distributing information and applications, and this number is growing quickly! There are encyclopedias, chat systems, marketplaces, video distribution platforms, knowledge management systems, package managers, developer tools, games, VR environments, and more. As more developers choose to develop applications or content with IPFS, more millions of people benefit world-wide. Are you going to help us upgrade the internet?

Filecoin will upgrade data storage and distribution. The next stage is to make a decentralized storage network, a public, internet-wide utility that helps us store and distribute our data efficiently, robustly, and cheaply. The goal of Filecoin is to build such a storage market, where storage providers (miners) can sell storage space over time, and clients can buy storage that is more efficient, more robust, and lower cost. This is achieved with the use of a blockchain, a token to mediate the value exchange and incent participation, smart contracts to mediate transactions, and more. Using the power of verifiable markets and game theory, we aim to make the world's largest, most resilient, and lowest cost storage network. At the time of this writing, Filecoin is under fast-paced development and headed towards its testnet and mainnet launches. This and the next few years are a great time to get involved! We are shaping the future of data storage and distribution, and you can help us make it even better.

I invite you to join this computing revolution! You can get involved by using applications powered with IPFS, or by building them yourself today. You can learn about Filecoin and join the community developing Filecoin and applications on top of it, or you can become a miner and sell storage to the network. You can build lower level applications on top of libp2p, and you can model content and its distribution with IPLD. You can use these technologies, and you can help build them.

This book is a great guide for you. Learning about all these technologies at once can be very confusing. I am thrilled that the authors have written this book, so it can guide you step by step. Though I have only been able to review a machine-translated version -- I found this to be an excellent and thorough guide for both new people just getting started, and experienced IPFS developers who want to understand the internals. It is a solid introduction and guide to IPFS, Filecoin, and all the related protocols. It contains a good overview of the systems and how they work. You will learn how our protocols use multihash, multiaddr, and other multiformats to be self-describing and future-proof. You will learn how libp2p connects computers together across a variety of transports, and makes it easy to build p2p protocols. You will learn how to model data with IPLD and content-address it with CIDs. You will learn how IPFS plugs all these protocols together into a decentralized web protocol, and how to use it to build applications. You will learn about the Filecoin protocol and how it will work. You will learn how all of these protocols work together to store, address, and move information. This book is a comprehensive and thorough guide -- I hope it serves you well! Though note an important warning: like all technology books, this is likely to become outdated as the systems continue to develop. Be sure to check online versions of the book, and the projects' documentation websites. The concepts will remain the same -- and for that, this book will hopefully serve you well for a long time -- but the technical details will surely evolve, and you will want to check up-to-date documentation.

I hope you enjoy this book. I am very grateful to the authors for writing this book: your work will help so many others!

Juan Benet
IPFS 和 Filecoin 創始人
協議實驗室創始人

對本書的讚譽

IPFS 的開發團隊可能聚集了一批極具創新性和嚴謹態度的科學家與密碼學家，為 Filecoin 項目設計的 PoRep 及 PoST 證明非常精妙。PPIO 在設計證明算法的時候也借鑑了 Filecoin。閱讀完本書，讓我對 PPIO 儲存和分發的技術設計有了新的思考，相信站在巨人的肩膀上我們能走得更遠！

—王聞宇，PPIO CTO、原 PPTV 首席架構師

Understanding the vision of IPFS as a new internet protocol is something everyone should start to take notice. IPFS is unlocking some of the amazing powers of P2P technology. As the days of HTTP are slowly fading away, IPFS is paving the way for a faster, safer and more open internet. The fundamentals of IPFS are the first essential steps to gaining knowledge and exploring the many possibilities that can be achieved. This book teaches you exactly that and is a must read for anyone wanting an introduction to IPFS. RTrade Technologies shares the same vision as IPFS and is committed to making IPFS easy helping drive adoption. Our Temporal platform was built for exactly this reason as we help enterprises migrate over quickly and safely to Web 3.0 architectures. Taking advantage of all the benifits IPFS has to offer at the click of a button.

（作為一種新的網際網路協定願景，學習和理解 IPFS 是每個人都應該注意的事情。IPFS 正在不同領域釋放 P2P 技術的力量，隨著 HTTP 時代的慢慢消逝，

IPFS 正在為更快、更安全、更開放的互聯網鋪平道路。在此之前，我們首先需要了解更多的知識，以掌握和熟悉 IPFS 的基本原理。這本書恰好能幫助你入門，這是一本入門者必須閱讀的 IPFS 相關書籍。Rtrade Technologies 與 IPFS 有著相同的願景，並與本書初衷一樣，致力於使 IPFS 更容易被採用。我們的 Temporal 平台正是基於這個原因構建的，我們可以幫助企業快速安全地遷移到 Web3.0 體系結構，並可以一鍵享用大部分與 IPFS 相關的線上服務。）

—Derrick Foote，RTrade 技術有限公司創始人兼 CEO

2018 年，Distributed Storage in Blockchain（區塊鏈儲存）進入 Gartner 技術成熟期。IPFS Filecoin 是當下區塊鏈儲存最耀眼的明星，對 IPFS 或 Filecoin 的研究和布道為軟件定義開闢了一個截然不同的分支。我所欣賞和尊重的本書的三位作者，為 IPFS 在中國的普及做出了卓越的貢獻。本書堪稱「區塊鏈儲存第一書」。

——葉毓睿，《軟件定義儲存：原理、實踐與生態》作者，
《VMware 軟件定義儲存》譯者

本書是第一本詳盡介紹 IPFS（InterPlanetary File System）技術的書籍。IPFS 技術的目的是取代現在的 HTTP 協議以構建更好的網絡。本書從基礎、原理到實戰，由淺入深地介紹了 IPFS 技術。原理部分，分別介紹了底層協議、技術封層、模塊解析及儲存技術；實戰部分又分為兩個部分，一部分介紹了 IPFS 環境的搭建，另一部分用兩個例子（基於 IPFS 的 git 系統和流媒體播放器系統）來詳解 IPFS 的應用。本書對於了解下一代網絡技術來說是一本不可多得的好書。值得擁有！

—姜信寶，HiBlock 區塊鏈社區發起人，
《深入以太坊智能合約開發》作者

近年來，我與本書其中的兩位作者董天一、戴嘉樂老師一直在尋找一個良好的形式，力圖將以 IPFS 為核心的分佈式互聯網技術推廣給更多愛好者，我們與 Protocol Labs 共同搭建了 ProtoSchool 平台，這是一個透過線上課程與各地線下培訓來分享分佈式 Web 協定技術的教育社群。本書正是我們共同目標努力的結晶，這也為 ProtoSchool 補充了更為全面和專業的學習素材。

—Kevin Wong, ProtoSchool 香港 / 深圳負責人，

網格科技創始人兼 CEO

IPFS 是構建下一代互聯網的基礎，而 Filecoin 將使區塊鏈應用落地邁向一個新的階段，本書是第一本針對 IPFS 和 Filecoin 進行系統化講解的書籍，非常榮幸能成為本書的首批讀者。閱讀完本書，讓我堅定了信心，我要深耕 IPFS 和 Filecoin 生態服務，為 Web3.0 的構建貢獻力量，實現人類數據永存的目標。

—李彥東，星際大陸 CEO

前言

緣起

我們在 2017 年下半年至 2018 年上半年期間，犧牲了大量的業餘時間，一直在做 IPFS 這門新興技術的相關解讀、線下 MeetUp 工作。我們在知乎專欄和微信公眾號上建立的「IPFS 指南」是中國第一個系統、全面地介紹這門技術的中文資料站。機械工業出版社華章公司的楊福川老師在第一時間找到我們，希望我們能夠為開發人員寫一本 IPFS 技術相關的圖書，方便開發人員更容易理解並應用這門技術。於是，便有了你手中的這本書。

為什麼要寫這本書

IPFS 這門技術誕生於 2014 年，由 Protocol Labs 所發表。但是，直到 2017 年年中才逐漸走入大眾視野，因為它能與區塊鏈完美結合，所以得以成為近幾年最熱門的技術之一。然而，市面上卻沒有與 IPFS 技術相關、便於開發者閱讀、知識體系結構相對系統全面的中文學習資料。因此，筆者聯繫了當時在這個領域鑽研摸索最多的幾位布道者和專家，一起撰寫了這本書，希望能幫助 IPFS 技術愛好者更加快速地學習、掌握、應用這門技術。

IPFS 這門技術還在不斷演化中，它引導的是一場真正的網路協定革命，是一種全球化思維的碰撞，是一種突破傳統的資料共享模式。IPFS 可能不是這場革命的導火線,但是我認為,它至少能帶領大家去學習和認識這種思維,這是一件非常有意義的事情。

目標讀者

本書適合具備區塊鏈基礎,有軟體開發能力,但是不了解 IPFS,想學習 IPFS 的技術原理,並基於 IPFS 做相關開發工作的讀者。主要包含以下人員:

❑ IPFS 技術愛好者
❑ 網路協定技術愛好者
❑ 分散式儲存技術愛好者
❑ 區塊鏈技術愛好者
❑ 區塊鏈領域從業者
❑ 開設相關課程的大專院校師生

本書特色

首先,IPFS 是在區塊鏈技術蓬勃發展的情況下得到廣泛認可的,本書除了針對 IPFS 技術本身進行講解以外,還增加了大量區塊鏈相關知識作為鋪墊和補充,包括單獨設立第 5 章來重點介紹 IPFS 的激勵層—Filecoin 區塊鏈項目。

其次,本書不僅介紹了 IPFS 技術本身的細節,還加入了大量筆者在開發中總結的經驗和技巧,並搭配了相關生態鏈中較新的開發工具和最新的尖端技術。在技術深度和廣度兩個方面都兼顧得比較妥當,有明顯的層次感。

再次,本書提供了大量的專案實例,這些專案實例能夠幫助讀者理解 IPFS 技術和應對一些業務場景。

最後，本書是一本相對全面和系統地解讀了 IPFS 和 Filecoin 技術的書籍，也是一本由相關領域中最早期的布道者、專家合力編寫的中文權威書籍。

如何閱讀本書

本書分為三大部分：

第一部分為基礎篇，包括第 1 章。簡單地介紹了 IPFS 的概念、優勢和應用領域，旨在幫助讀者了解一些基礎背景知識，並從宏觀層面來認識 IPFS 技術所具有的創新性。

第二部分為原理篇，包括第 2 ～ 5 章。從內部詳細剖析 IPFS 的底層基礎、協議棧構成，以及 libp2p、Multi-Format、Filecoin 等模組。

第三部分為實戰篇，包括第 6 ～ 8 章。以實作專案的方式，從基礎至進階，講解了 IPFS 技術的實際使用，並透過講解兩個不同風格的實務案例，讓讀者了解不同語言實現的 IPFS 協定。其中，第三部分以接近實戰的實例來講解實務應用，相比於前兩部分更獨立。如果你是一名資深用戶，已經理解 IPFS 的相關基礎知識和使用技巧，可以跳過前兩個部分，直接閱讀第三部分。如果你是一名初學者，則務必從第 1 章的基礎理論知識開始學習。

勘誤和支援

由於作者的水準有限，加之 IPFS 等相關技術更新迭代快，書中難免會出現一些錯誤或者不準確的地方，懇請讀者批評指正。為此，我們建立了存放本書相關資料和便於資訊交流的 Github 倉庫：

https://github.com/daijiale/IPFS-and-Blockchain-Principles-and-Practice

如果大家在閱讀本書的過程中遇到任何問題，可以透過上述管道以 Issue 的形式反饋給我們，我們將在線上為讀者提供解答。期待能夠得到你們的真摯反饋。

致謝

首先要感謝 Protocol Labs 開創的這款具有劃時代意義的新型網路協定。

同時感謝知乎專欄「IPFS 指南」及因 IPFS 技術自發組織而成的眾多愛好者社群，他們對 IPFS 技術的執著和探索是我們創作的動力，在和他們的交流中我們發現了本書的價值和創作素材。

感謝我的合作者董天一前輩，他在計算機系統、軟體工程、經濟學基礎、博弈論、區塊鏈儲存方面學識淵博，使我在與他合作著書的過程中不斷進步。同時，董天一前輩對本書的審稿和校稿工作也做出了重要的貢獻。

感謝我的另一位合作者黃禹銘，他在區塊鏈學術領域積累豐厚，對本書的眾多技術進行了詳細的原理解讀與分析，尤其是在第 1 章、第 2 章、第 4 章和第 5 章。

感謝新加坡國立大學 Andrew Lim 教授對本書的大力支持以及 TangJing 助理教授對我們技術上的指導。

謹以此書獻給我最親愛的家人，以及眾多熱愛 IPFS 和區塊鏈技術的朋友們。

戴嘉樂

目錄

實戰篇 ｜ 應用 IPFS

第 6 章　IPFS 開發基礎

第 7 章　IPFS 開發進階

第 1 章

認識 IPFS

歡迎大家來到第 1 章。本章先將從宏觀上介紹 IPFS，在了解技術細節之前，我們先回答如下問題：什麼是 IPFS ？為什麼我們需要 IPFS ？它與一般的區塊鏈系統相比有什麼異同？ IPFS 和 Filecoin 會給現在的區塊鏈技術帶來什麼樣的改變？相信讀者讀完本章後，會對上述幾個問題有自己的理解。

1.1　IPFS 概述

早在 2017 年上半年，就有許多投資人與開發者已經接觸到了 IPFS 和 Filecoin。那麼 IPFS 和 Filecoin 究竟是什麼？ IPFS 與區塊鏈到底是什麼關係？其有什麼優勢，竟然會得到如此廣泛的關注？其未來的應用前景到底如何？本節我們就來解答這幾個問題。

1.1.1　IPFS 的概念和定義

IPFS（InterPlanetary File System）是一個基於內容定址的、分散式的、新型超媒體傳輸協定。IPFS 支援建立完全分散式的應用。它旨在使網路更快、更安全、更開放。IPFS 是一個分散式檔案系統，它的目標是將所有計算裝置連線到同一個檔案系統，進而成為一個全球統一的儲存系統。某種意義上講，這與 Web 最初的目標非常相似，但是它是利用 BitTorrent 協定進行 Git 資料物件的交換來達到這一個目的的。IPFS 正在成為現在網際網路的一個子系統。IPFS 有一個更加宏偉而瘋狂的目標：補充和完善現有的網際網路，甚至最終取代它，進而成為新一代的網際網路。這聽起來有些不可思議，甚至有些瘋狂，但的確是 IPFS 正在做的事情。圖 1-1 所示為 IPFS 的官方介紹。

圖 1-1　IPFS 官方介紹

IPFS 透過整合已有的技術（BitTorrent、DHT、Git 和 SFS），建立一種點對點超媒體協定，試圖打造一個更加快速、安全、開放的下一代網際網路，實現網際網路中永久可用、資料可以永久儲存的全球檔案儲存系統。同時，該協定有內容定址、版本化特性，嘗試補充甚至最終取代伴隨了我們 20 多年的超文字傳輸協定（即 HTTP 協定）。IPFS 是一個協定，也是一個 P2P 網路，它類似於現在的 BT 網路，只是擁有更強大的功能，使得 IPFS 擁有可以取代 HTTP 的潛力。

Filecoin 是執行在 IPFS 上的一個激勵層，是一個基於區塊鏈的分散式儲存網路，它把雲端儲存變為一個演算法市場，代幣（FIL）在這裡起到了很重要的作用。代幣是溝通資源（儲存和檢索）使用者（IPFS 使用者）和資源的提供者（Filecoin 礦工）之間的中介橋樑，Filecoin 協定擁有兩個交易市場—資料檢索和資料儲存，交易雙方在市場裡面提交自己的需求，達成交易。

IPFS 和 Filecoin 相互促進，共同成長，解決了網際網路的資料儲存和資料分發的問題，特別是對於無數的區塊鏈專案，IPFS 和 Filecoin 將作為一個基礎設施存在。這就是為什麼我們看到越來越多的區塊鏈專案採取了 IPFS 作為儲存解決方案，因為它提供了更加便宜、安全、可快速整合的儲存解決方案。

1.1.2 IPFS 的起源

全球化分散式儲存網路並不是最近幾年的新技術，其中最著名的就是 BitTorrent、Kazaa 和 Napster 這三種，至今這些系統在全世界依舊擁有上億活躍使用者。尤其是 BitTorrent 使用者端，現在 BitTorrent 網路每天依然有超過 1000 萬個節點在上傳資料。但令人遺憾的是，這些應用最初就是根據特定的需求來設計的，在這三者基礎上靈活發展更多的功能顯然很難實現。雖然在此之前學界和業界做過一些嘗試，但自始至終沒有出現一個能實現全球範圍內低延時並且完全去中心化的通用分散式檔案系統。

之所以普及進展十分緩慢，一個原因可能是目前廣泛使用的 HTTP 協定已經足夠好用。截至目前，HTTP 是已經部署的分散式檔案系統中最成功的案例。它和瀏覽器的組合是網際網路資料傳輸和展示的最佳搭檔。然而，網際網路技術的進步從未停止，甚至一直在加速。隨著網際網路的規模越來越龐大，現有技術也越來越暴露出了諸多弊端，龐大的基礎設施投資也讓新技術的普及異常困難。

但我們說，技術都有其適用的範圍，HTTP 也是如此。四大問題使得 HTTP 面臨越來越艱巨的困難：

1）**極易受到攻擊，防範攻擊成本高**。隨著 Web 服務變得越來越中心化，使用者非常依賴於少數服務供應商。HTTP 是一個脆弱的、高度中心化的、低效的、過度依賴於骨幹網的協定，中心化的伺服器極易成為攻擊的目標。目前，為了維護伺服器正常運轉，服務商不得不使用各類昂貴的安防方案，防範攻擊成本越來越高。這已經成為 HTTP 幾乎無法克服的問題。

2）**資料儲存成本高**。經過十多年網際網路的飛速發展，網際網路資料儲存量每年呈現指數級成長。2011 年全球資料總量已經達到 0.7ZB（1ZB 等於 1 萬億 GB）；2015 年，全球的資料總量為 8.6ZB；2016 年，這個數字是 16.1ZB。到 2025 年，全球資料預計將增加至驚人的 163ZB，相當於 2016 年所產生 16.1ZB 資料的 10 倍。如果我們預計儲存 4000GB（4TB）的資料，AWS 簡單儲存服務（S3）的報價是對於第 1 個 TB 每 GB 收取 0.03 美金，對於接下來的 49TB 每 GB 收取 0.0295 美金的費用，那麼每個月將花費 118.5 美金用於磁碟空間。資料量高速成長，但儲存的價格依舊高昂，這就導緻伺服器 - 使用者端架構在今後的成本將會面臨嚴峻的挑戰。

3）**資料的中心化帶來洩露風險**。服務提供商們在為使用者提供各類方便服務的同時，也儲存了大量的使用者隱私資料。這也意味著一旦資料中心產生大規模資料洩露，這將是一場數位核爆。對於個人而言，個人資料洩露，則使用者帳號面臨被盜風險，個人隱私及財產安全難以保障；對於企業而言，訊息洩露事件會導緻其在公眾中的威望和信任度下降，會直接使客戶改變原有的選擇傾向，可能會使企業失去一大批已有的或者潛在的客戶。這並不是危言聳聽，幾乎每一年都會發生重大資料庫洩露事件。2018 年 5 月，推特被曝出現安全漏洞，洩露 3.3 億使用者密碼；2017 年 11 月，美國五角大樓意外洩露自 2009 年起收錄的 18 億筆使用者資料；2016 年，LinkedIn 超 1.67 億個帳戶在黑市被公開銷售；2015 年，機鋒網被曝洩露 2300 萬使用者資料。有興趣的讀者可以嘗試在公開密碼洩露資料庫中查詢，是否自己的常用訊息或常用密碼被洩露，但自己卻毫不知情。

4）**大規模資料儲存、傳輸和維護難**。現在逐步進入大資料時代，目前 HTTP 協定已無法滿足新技術的發展要求。如何儲存和分發 PB 級別的大資料、如何處理高清晰度的媒體流資料、如何對大規模資料進行修改和版本疊代、如何避免重要的檔案被意外遺失等問題都是阻礙 HTTP 繼續發展的大山。

IPFS 就是為解決上述問題而誕生的。它的優勢如下：

1）**下載速度快**。如圖 1-2 所示，HTTP 上的網站大多經歷了中心化至分散式架構的變遷。與 HTTP 相比，IPFS 將中心化的傳輸方式變為分散式的多點傳輸。IPFS 使用了 BitTorrent 協定作為資料傳輸的方式，使得 IPFS 系統在資料傳輸速度上大幅度提高，並且能夠節省約 60% 的網路頻寬。

2）**最佳化全球儲存**。IPFS 採用為資料塊內容建立雜湊去重的方式儲存資料，資料的儲存成本將會顯著下降。

3）**更加安全**。與現有的中心化的雲端儲存或者個人建構儲存服務相比，IPFS、Filecoin 的分散式特性與加密演算法使得資料儲存更加安全，甚至可以抵擋駭客攻擊。

4）**資料的可持續儲存**。目前的 Web 頁面平均生命週期只有 100 天，每天會有大量的網際網路資料被刪除。網際網路上的資料是人類文明的紀錄和展示，IPFS 提供了一種使網際網路資料能夠被持續儲存的方式，並且提供資料歷史版本（Git）的回溯功能。

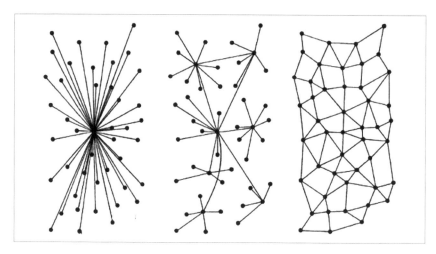

圖 1-2　中心化 - 多中心化 - 分散式技術變遷圖

上文我們提到 IPFS 技術積累已經有很多年了，它至少參考了四種技術的優點，並將它們整合在一起。這四種技術分別是分散式雜湊表 DHT、Kademlia、Git 和自驗證檔案系統（Self-Certifying File System）。

第一種對 IPFS 有借鑑意義的技術是 DHT，全稱為分散式雜湊表（Distributed Hash Table），是一種分散式儲存方法。DHT 的原理是：在不需要伺服器的情況下，每一個使用者端儲存一小部分資料，並負責一定區域的檢索，進而實現整個 DHT 網路的定址和檢索。新版 BitComet 允許同時連線 DHT 網路和 Tracker，可以在無 Tracker 的情況下進行下載。

IPFS 借鑑的第二種技術是 Kademlia。在 Kademlia 網路中，所有訊息均以雜湊表條目的形式加以儲存，這些訊息被分散地儲存在各個節點上，進而以全網構成一張巨大的分散式雜湊表。可以具體地把這張雜湊大表看成一本字典：只要知道了訊息索引的 key，便可以透過 Kademlia 協定來查詢與其對應的 value 訊息，而不管這個 value 訊息究竟是儲存在哪一個節點之上。正是這一特性確保了 IPFS 成為沒有中心調度節點的分散式系統。IPFS 還借鑑了 BitTorrent 網路。首先是消極上傳者的懲罰措施，在 BitTorrent 的使用者端上傳資料會獎勵積分，而長期不上傳的消極節點會被扣分，如果分數低於一定限度，那麼網路會拒絕再為他們提供服務；其次是檔案可用性檢查，BitTorrent 優先把稀缺的檔案分享出去，各個使用者端之間相互補充，這樣種子不容易失效，傳輸效率也提高了。針對 BitTorrent 我們不再詳細展開，有感興趣的讀者可以查閱 BitTorrent 相關檔案。

第三種對 IPFS 有重大影響的是 Git。我們在進行大型檔案傳輸或修改的時候總會遇到儲存或傳輸壓力大的問題，而 Git 在版本疊代方面非常出色。Git 儲存時會把檔案拆成若幹個部分，並計算各個部分的雜湊值，利用這些構建起與檔案對應的有向無環圖（DAG），DAG 的根節點也就是該檔案的雜湊值。這樣的好處十分明顯：如果需要修改檔案，那麼只需要修改少數圖中節點即可；需要分享檔案，等價於分享這個圖；需要傳輸全部的檔案，按照圖中的雜湊值下載合併即可。

最後一種是具有自驗證功能的分散式檔案系統（Self-certifying File System, SFS），它將所有的檔案儲存在同一個目錄下，所有的檔案都可以在相對路徑中找到，其 SFS 路徑名是其原路徑與公鑰的雜湊。聰明的讀者會發現，這樣的設計包含身份的隱式驗證功能，這就是為什麼 SFS 被稱為自驗證檔案系統了。

1.2　IPFS 與區塊鏈的關係

現在提到 IPFS 就一定會提到區塊鏈。那麼區塊鏈和 IPFS 之間到底有什麼關係呢？在介紹二者關係之前，我們需要先來了解一下區塊鏈。

1.2.1　區塊鏈基礎

那麼區塊鏈又是什麼呢？在最早期，區塊鏈僅僅被認為是比特幣的底層技術之一，是一種不可篡改的鏈式資料結構。經過幾年的發展，區塊鏈被越來越多的人熟知，它也從單純的資料結構變成分散式帳本的一系列技術的總稱。它整合了加密、共識機制、點對點網路等技術。近些年，區塊鏈的非帳本類應用開始逐漸興起，大家開始將區塊鏈描述為分散式的資料庫，認為它是價值傳遞網路，它逐漸被賦予了更多的內涵。

從技術方面來講，區塊鏈是一種分散式資料庫，旨在維護各個互相不信任的節點中資料庫的一致性，並且不可篡改。信用和記錄會被儲存到區塊鏈上，每一個新的區塊中存有上一個區塊的數位指紋、該區塊的信用和記錄，以及生成新區塊的時間戳。這樣一來，區塊鏈會持續成長，並且很難被篡改，一旦修改區塊鏈上任意一個區塊的訊息，那麼後續區塊的數位指紋也就全部失效了。

鏈式資料結構使得區塊鏈歷史很難被篡改，而在各個互不信任的節點之間保持資料的一致性，則需要共識機制完成。共識機制是網路預先設定的規則，以此判斷每一筆記錄及每一個區塊的真實性，只有那些判斷為真的區塊會被記錄到區塊鏈中；相反，不能透過共識機制的新區塊會被網路拋棄，區塊裡記錄的訊息也就不再被網路認可。目前常見的共識機制包括 PoW（工作量證明）、PoS（權益證明）、PBFT（實用拜佔庭容錯）等。

比特幣、以太幣、比特幣現金及大部分加密數位貨幣使用的是 PoW 工作量證明。維護比特幣帳本的節點被稱為礦工，礦工每次在記錄一個新區塊的時候，會得到一定的比特幣作為獎勵。因此，礦工們會為自己的利益儘可能多地去爭奪新的區塊記帳權力，並獲得全網的認可。工作量證明要求新的區塊雜湊值必須擁有一定數量的前導 0。礦工們把交易訊息不斷地與一個新的隨機數進行雜湊運算，計算得到區塊的雜湊值。一旦這個雜湊值擁有要求數目的前導 0，這個區塊就是合法的，礦工會把它向全網廣播確認。而其他的礦工收到這一新的區塊，會檢查這一區塊的合法性，如果合法，新的區塊會寫入該礦工自己的帳本中。這一結構如圖 1-3 所示。

圖 1-3　比特幣的區塊結構

與要求證明人執行一定量的計算工作不同，PoS 權益證明要求證明人提供一定
數量加密貨幣的所有權即可。權益證明機制的運作方式是，當創造一個新區塊
時，礦工需要建立一個「幣權」交易，交易會按照預先設定的比例把一些幣發
送給礦工。權益證明機制根據每個節點擁有代幣的比例和時間，依據演算法等
比例降低節點的挖礦難度。這種共識機制可以加快共識，也因礦工不再繼續競
爭算力，網路能耗會大大降低。但也有專家指出，PoS 權益證明犧牲部分網路
去中心化的程度。

目前，PoW 和 PoS 是加密數位貨幣的主流演算法，其他幾個常見的共識機制有
DPoS 和 PBFT，限於篇幅，這裡不再進一步展開了。

1.2.2　區塊鏈發展

1976 年是奠定區塊鏈的密碼學基礎的一年，這一年 Whitfield Diffie 與 Martin
Hellman（見圖 1-4）首次提出 Diffie-Hellman 演算法，並且證明了非對稱加密
是可行的。與對稱演算法不同，非對稱演算法會擁有兩個密鑰—公開密鑰和私
有密鑰。公開密鑰與私有密鑰是一對，如果用公開密鑰對資料進行加密，只有
用對應的私有密鑰才能解密；如果用私有密鑰對資料進行加密，那麼只有用對
應的公開密鑰才能解密。這是後來比特幣加密演算法的核心之一，我們使用比
特幣錢包生成私鑰和位址時，透過橢圓曲線加密演算法，生成一對公鑰和私
鑰。有了私鑰我們可以對一筆轉帳簽名，而公鑰則可以驗證這一筆交易是由這

個比特幣錢包的所有者簽名過的，是合法的。將公鑰透過雜湊運算，可以計算出我們的錢包位址。

圖 1-4　右一為 Diffie，右二為 Hellman

1980 年，Martin Hellman 的學生 Merkle Ralf 提出了梅克爾樹（Merkle Tree）資料結構和生成演算法。梅克爾樹最早是要建立數位簽章證書的公共目錄，能夠確保在點對點網路中傳輸的資料塊是完整的，並且是沒有被篡改的。

我們前面提到，在比特幣網路中，每一個區塊都包含了交易訊息的雜湊值。這一雜湊值並不是直接將交易順序連線，然後計算它們的雜湊，而是透過梅克爾樹生成的。梅克爾樹如圖 1-5 所示。梅克爾樹生成演算法會將每筆交易做一次雜湊計算，然後兩兩將計算後的雜湊值再做雜湊，直到計算到梅克爾根。而這個梅克爾根就包含了全部的交易訊息。這樣，能大大節省錢包的空間佔用。例如，在輕錢包中，我們只需下載與自己錢包對應的交易訊息，需要驗證的時候，只需找到一條從交易訊息的葉節點到根節點的雜湊路徑即可，而不需要下載區塊鏈的全部資料。

在 IPFS 專案裡，也借鑑了梅克爾樹的概念。資料分塊存放在有向無環圖中，如果資料被修改了，只需要修改對應梅克爾有向無環圖中的節點資料，而不需要向網路重新更新整個檔案。值得一提的是，Merkle 在提出梅克爾樹時，分散式技術尚未成型,更別提數位貨幣了,而他在當時就能察覺並提出這樣的方法,實在是令人讚嘆。

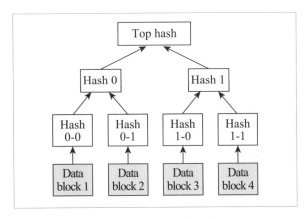

圖 1-5　**梅克爾樹結構**

非對稱加密演算法和梅克爾樹結構是後續數位貨幣和區塊鏈的理論基礎。而真正將密碼學用於數位貨幣的嘗試,則晚了許多。數位貨幣興起於 1990 年的賽博龐克(CyberPunk)運動,它是由一群熱愛網路的技客們推動的。賽博龐克們大多是密碼學的專家,對於個人隱私十分注重,希望建立一套獨立於現實中的國家、等級制度以外的空間。其中最典型的代表是 David Chaum,他最早提出了盲簽名技術,並將其應用到了 Digit Cash(又名 Ecash)中。

盲簽名是一種保護隱私的簽名方式,它的簽名者對其簽署的訊息不可見。比如,使用者需要簽署一個轉帳訊息,而這一訊息需要銀行簽名,使用者為了保護隱私,不希望銀行看到其具體的轉帳物件,就可以使用盲簽名。David 在他的論文中提出了用盲簽名實現匿名貨幣的想法,具體方式是使用者在本機電腦的 Ecash 程式中以數位格式儲存現金,再交給銀行進行盲簽名。這套系統已經與當時的銀行系統非常接近了,差一點就獲得成功。但是 Digit Cash 畢竟還是需要中心化的銀行伺服器支援,可惜,沒有一家銀行願意支持他的計畫,最終這個計畫失敗了。賽博龐克運動中誕生的系統及關鍵人物如表 1-1 所示。

表 1-1　賽博龐克運動中誕生的系統及關鍵的人物

賽博龐克運動人物	系統名稱	項目簡介
Tim C May	Cypherpunk Mailing List	郵件中使用強密碼保護隱私
David Chaum	Digit Cash	中心化清算的加密貨幣
Hal Finney	RPoW	可信硬體和工作量證明貨幣
Phil Zimmermann	PGP encryption	基於 RSA 的郵件加密協定
Wei Dai	B Money	分散式匿名電子現金
Nick Szabo	Bit Gold	比特幣的原型
John Gilmore	Cypherpunk Mailing list	郵件中使用強密碼保護隱私
Adam Back	Hash Cash	工作量證明
Julian Assange	Wikileaks	維基解密

在 Digit Cash 失敗後的幾年裡，人們幾乎放棄了數位現金的構想。僅有少數賽博龐克繼續著研究。一個名為 Hashcash 的想法是在 1997 年由當時同為賽博龐克的博士後研究員 Adam Back 獨立發明的。Hashcash 的想法很簡單：它沒有後門，也不需要中心第三方，它只使用雜湊函數而不是數位簽章。Hashcash 基於一個簡單的原理：雜湊函數在某些實際用途中表現為隨機函數，這意味著找到雜湊到特定輸出的輸入的唯一方法是嘗試各種輸入，直到產生期望的輸出為止。而且，為了找到這樣一個符合條件的輸入，唯一方法是再次逐個嘗試對不同的輸入進行雜湊。所以，如果讓你嘗試找到一個輸入，使得雜湊值前 10 位是 0，你將不得不嘗試大量的輸入，你每次嘗試成功的機會是 $(1/2)10$。這就是工作量證明的早期來源，也是礦工們每天在重複做的事情。他甚至在技術設計上做了一些修改，使其看起來更像一種貨幣。但顯然，他的方案不能檢驗節點是否作弊，不能作為真正的數位現金。

還有兩位有傑出貢獻的賽博龐克：Hal Finney 和 Nick Szabo，他們經過重新考慮將技術整合了起來。Nick Szabo 不僅是一位電腦科學家，同時精通法律。Szabo 受到 David Chaum 的啟發後，希望利用密碼協定和安全機制，提出了數位合約的構想。數位合約能在網路上不依靠第三方協助而是利用程式來驗證並執行契約，它與傳統契約相比更安全，並且減少了繁瑣溝通的成本。這對後續的加密數位貨幣設計有著極大的影響。比特幣網路可以提供非圖靈完備的腳本語言實現部分智慧合約功能；以太坊則進一步在 EVM 上執行 Solidity 語言，提供了圖靈完備的智慧合約環境，這也為後續分散式應用開發奠定了基礎。

Nick 做出的貢獻還不只是發明了智慧合約，在 2008 年，他發起了 Bit Gold 專案。在專案企劃書中，Nick 闡述的 Bit Gold 架構與現在的比特幣完全相同，同樣是工作量證明機制，同樣是鏈式網路結構，同樣的新區塊包含舊區塊的數位指紋，包含時間戳等諸多特性。然而，最終 Bit Gold 還是沒有順利完成。目前，Bit Gold 可查尋的源頭只有在 Bitcoin Talk 論壇中的帖子，後續的可查證資料就很少了。有一些比特幣愛好者一度認為 Szabo 就是中本聰本人，不僅因為 Bit Gold 與 Bitcoin 的相似之處令大家充滿想像，甚至是在詞法和句法上，中本聰的比特幣論文與 Bit Gold 論文也有相似之處。而且 Nick 家不遠的地方，有一位叫中本聰的日本人，大家猜測這是 Nick 為了掩人耳目而故意隱藏自己的身份。Nick 本人對此表示否認，並覺得這是個很搞笑的八卦。當然，這也成為數位貨幣裡最大謎團：究竟中本聰是誰呢？

再之後，到了 2009 年，中本聰發表了比特幣論文。他提出了一整套加密協定，而不僅僅是加密貨幣。比特幣使用電腦程式控制貨幣的發行，發行總量 2100 萬枚。比特幣的帳本記錄在成千上萬台電腦上，駭客無法入侵；每個帳戶都是加密位址，你不知道誰在花錢，但是每個比特幣的流通都被記錄，你知道它的來源和去向的位址。比特幣是第一個達到上述全部概念的專案，整合了之前 30 多年的技術積累。

比特幣在設計之時，考慮到網路的穩定性和抵禦惡意攻擊，它使用的是非圖靈完備的腳本語言（主要不能使用循環語句）。2013 年，Vitalik Buterin 認為，比特幣需要一種圖靈完備的腳本語言來支援多樣的應用開發。這個想法沒有獲得比特幣社群的支持，於是 Buterin 考慮用更通用的腳本語言開發一個新的平台，這就是後來的以太坊。以太坊的概念與比特幣相似，但在帳戶狀態、UTXO、位址形式上進行了一些最佳化。其最大的亮點在於，開發了 Solidity

智慧合約程式語言和以太坊虛擬機（EVM）這個以太坊智慧合約的執行環境，用於按照預期執行相同的程式碼。正因為 EVM 和 Solidity，區塊鏈的平台應用（DAPP）迅速興起了。以太坊平台提出了許多新用途，包括那些不可能或不可行的用途，例如金融、物聯網服務、供應鏈服務、電力採購和定價及博彩等。時至今日，基於 DAPP 的各類應用還在迅速發展，新的市場和需求在進一步被發現。後續區塊鏈會如何發展，我們拭目以待。

1.2.3　IPFS 為區塊鏈帶來了什麼改變？

區塊鏈的誕生本是為了做到去中心化，在沒有中心機構的情況下達成共識，共同維護一個帳本。它的設計動機並不是為了高效、低能耗，抑或是擁有可擴展性（如果追求高效、低能耗和擴展性，中心化程式可能是更好的選擇）。IPFS 與區塊鏈協同工作，能夠彌補區塊鏈的兩大缺陷：

❏ 區塊鏈儲存效率低，成本高。

❏ 跨鏈需要各個鏈之間協同配合，難以協調。

針對第一個問題，區塊鏈網路要求全部的礦工維護同一個帳本，需要每一個礦工留有一個帳本的備份在本機。那麼在區塊鏈中存放的訊息，為了確保其不可竄改，也需要在各個礦工手中留有一份備份，這樣是非常不經濟的。設想，現在全網有一萬個礦工，即便我們希望在網路儲存 1MB 訊息，全網消耗的儲存資源將是 10GB。目前，也有折中的方案來紓解這一問題。在開發去中心化應用 DAPP 時，大家廣泛採取的方式是，僅在區塊鏈中存放雜湊值，將需要儲存的訊息存放在中心化資料庫中。而這樣，儲存又成為去中心化應用中的一個缺點，是網路中脆弱的一環。

IPFS 則提出了另一個解決方法：可以使用 IPFS 儲存檔案資料，並將唯一永久可用的 IPFS 位址放置到區塊鏈事務中，而不必將資料本身放在區塊鏈中。針對第二個問題，IPFS 能協助各個不同的區塊鏈網路傳遞訊息和檔案。比特幣和以太坊區塊結構不同，透過 IPLD 可以定義不同的分散式資料結構。這一功能目前還在開發中，目前的 IPLD 元件，已經實現了將以太坊智慧合約程式碼透過 IPFS 儲存，在以太坊交易中只需儲存這個連結。

1.2.4 Filecoin：基於 IPFS 技術的區塊鏈專案

1.1 節介紹了 IPFS 的結構。Filecoin 是 IPFS 的激勵層。我們知道，IPFS 網路要想穩定執行需要使用者貢獻他們的儲存空間、網路頻寬，如果沒有恰當的獎勵機制，那麼巨大的資源開銷很難維持網路持久運轉。受到比特幣網路的啟發，將 Filecoin 作為 IPFS 的激勵層就是一種解決方案了。對於使用者，Filecoin 能提高存取速度和效率，能帶來去中心化等應用；對於礦工，貢獻網路資源可以獲得一筆不錯的收益；而對於業務夥伴，例如資料中心，也能貢獻他們的空閒計算資源用於獲得一定的報酬。

Filecoin 會用於支付儲存、檢索和網路中的交易。與比特幣類似，它的代幣總量為 2 億枚，其中 70% 會透過網路挖礦獎勵貢獻給礦工，15% 為開發團隊持有，10% 給投資人，剩下 5% 為 Filecoin 基金會持有。投資人和礦工獲得的代幣按照區塊發放，而基金會和開發團隊的代幣按照 6 年時間線性發放。

由此可見，Filecoin 與比特幣挖礦機制完全不同。我們前面提到，為了避免攻擊，比特幣透過 PoW 工作量證明機制，要求礦工挖出下一個滿足雜湊值包含多個前導 0 的新區塊。這個過程會需要大量的雜湊運算。Filecoin 使用的是複製證明（Proof of Replication, RoRep）。複製證明是礦工算力證明形成的主要方式，證明礦工在自己的物理儲存裝置上實際儲存了資料，可以防止惡意礦工的各種攻擊，網路中的驗證節點會隨機檢查礦工是否在作弊。如果礦工不能提供正確的複製證明，那麼它將被扣除一定的 Filecoin 作為懲罰。相比於 PoW 機制帶來的算力競爭，PoRep 顯得環保的多。

1.3　IPFS 的優勢與價值

前文描述了 IPFS 大概的基礎知識和與區塊鏈的關係，這節我們詳細介紹一下 IPFS 的優勢和價值來源。

1.3.1　IPFS 的優勢

IPFS 的優勢在於其強大的技術積澱、精巧的架構設計及強大的開發者生態。

1. 技術優勢

IPFS 技術可以分為多層子協定堆疊，從上至下為身份層、網路層、路由層、交換層、物件層、檔案層、命名層，每個協定堆疊各司其職，又互相協同。圖 1-6 所示為 IPFS 協定堆疊的構成。接下來會逐一進行解釋。

(1) 身份層和路由層

對等節點身份訊息的生成以及路由規則是透過 Kademlia 協定生成制定的，該協定實質上是構建了一個分散式雜湊表，簡稱 DHT。每個加入這個 DSHT 網路的節點都要生成自己的身份訊息，然後才能透過這個身份訊息去負責儲存這個網路裡的資源訊息和其他成員的聯繫訊息。

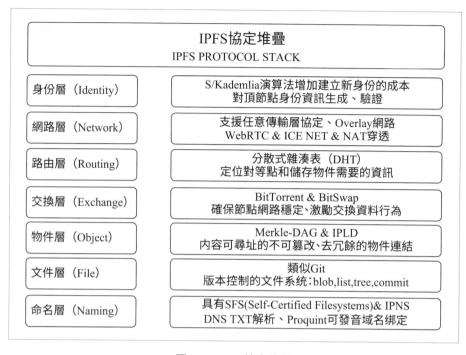

圖 1-6　IPFS 協定堆疊

（2）網路層

比較核心，所使用的 Libp2p 可以支援主流傳輸層協定。NAT 技術能讓內網中的裝置共用同一個外網 IP，我們都體驗過的家庭路由器就是這個原理。

（3）交換層

IPFS 吸取了 BitTorrent 的技術，並在其之上進行了再創新，自研了 BitSwap 模組。使用 BitSwap 進行資料的分發和交換，使用者上傳分享資料會增加信用分，分享得越多信用分越高；使用者下載資料會降低信用分，當信用分低於一定值時，將會被其他節點忽略。簡單來講就是，你樂於分享資料，其他節點也樂於發送資料給你，如果你不願意分享，那麼其他節點也不願意給你資料。

(4) 物件層和檔案層

這兩層適合結合起來看，它們管理了 IPFS 上 80% 的資料結構，大部分資料物件都是以 Merkle-DAG 的結構存在，這為內容定址和去重提供了便利。檔案層具有 blob、tree、list、commit 等多種結構體，並採用與 Git 類似的方式來支援版本控制。

(5) 命名層

具有自我驗證的特性（當其他使用者獲取該物件時，將交換節點公鑰進行驗簽，即驗證公鑰訊息是否與 NodeID 匹配，進而來驗證使用者發布物件的真實性），並且加入了 IPNS 這個巧妙的設計使得雜湊過後的內容路徑名稱可定義，增強可閱讀性。

新舊技術的更替無非兩點：其一，能夠提高系統效率；其二，能夠降低系統成本。IPFS 把這兩點都做到了。

圖 1-7 是一個 IPFS 技術模組的和功能間的映射關係圖，同時也是一個縱向資料流圖。前文所描述的多層協定，每一層的實現都綁定在對應的模組下，非常直觀。

協定實驗室在開發 IPFS 時，採用了高度模組整合化的方式，像搭積木一樣去開發整個專案。截至 2017 年，協定實驗室主要精力集中在設計並實現 IPLD、LibP2P、Multiformats 等基礎模組，這些模組服務於 IPFS 協定的底層。

Multiformats 是一系列散列函數和自描述方式（從值上就可以知道值是如何生成的）的集合，目前擁有多種主流的散列處理方式，用以加密和描述 NodeID 以及內容 ID 的生成。基於 Multiformats 使用者可以很便捷地添加新的雜湊演算法，或者在不同的雜湊演算法之間遷移。

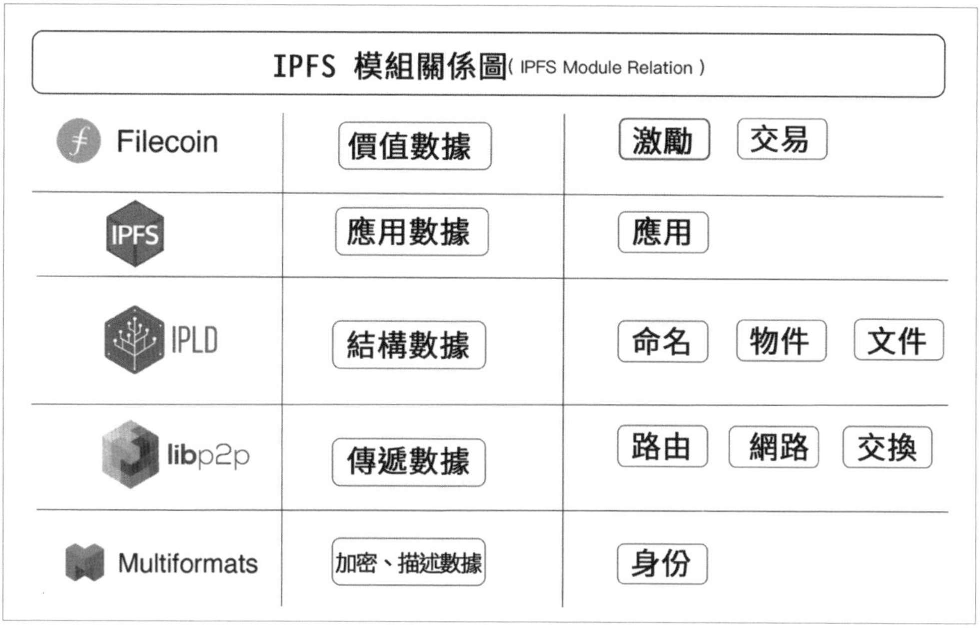

圖 1-7　IPFS 模組關係圖

LibP2P 是 IPFS 模組體系核心心中的核心，用以適配各式各樣的傳輸層協定以及連線眾多複雜的網路裝置，它可以幫助開發者迅速建立一個高效可用的 P2P 網路層，非常利於區塊鏈的網路層建構。這也是 IPFS 技術被眾多區塊鏈專案青睞的緣由。

IPLD 是一個轉換中間件，將現有的異構資料結構統一成一種格式，方便不同系統之間的資料交換和互操作。目前，IPLD 已經支援了比特幣、以太坊的區塊資料。這也是 IPFS 受到區塊鏈系統歡迎的另一個原因，IPLD 中間件可以把不同的區塊結構統一成一個標準進行傳輸，為開發者提供了簡單、易用、健壯的基礎元件。

IPFS 將這幾個模組整合為一種系統級的檔案服務，以命令列（CLI）和 Web 服務的形式供大家使用。

最後是 Filecoin，該專案最早於 2014 年提出，2017 年 7 月正式融資對外宣傳。Filecoin 把這些應用的資料價值化，透過類似比特幣的激勵政策和經濟模型，讓更多的人去建立節點，去讓更多的人使用 IPFS。

本節只對 IPFS 的技術特性進行了概要介紹，每個子模組的細節將在原理篇中做深度詳解。

2. 社群優勢

協定實驗室由 Juan Benet 在 2014 年 5 月創立。Juan Benet 畢業於史丹佛大學，在建立 IPFS 專案之前，他創辦的第一家公司被雅虎收購。2015 年，他發起的 IPFS 專案在 YCombinator 孵化競賽中拿到了巨額投資，並於 2017 年 8 月底，完成了 Filecoin 專案的全球眾籌，在 Coinlist（協定實驗室獨立開發、嚴格遵從 SAFT 協定的融資平台）上共募集了 2.57 億美金。如圖 1-8 所示，協定實驗室具有強大的投資者和開發者社群。

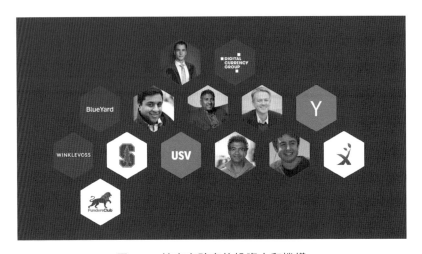

圖 1-8　協定實驗室的投資人和機構

IPFS 的社群由協定實驗室團隊維護，到目前為止，開發者社群已經擁有上百位程式碼貢獻者和數十位核心開發人員，如圖 1-9 所示。IPFS 目前已經發布了 30 餘個版本疊代。

圖 1-9　IPFS 開發者社群

同時，協定實驗室官方也授權了部分社群（IPFS Community）中的 Co-Organizer 牽頭全球性的推廣交流活動。目前，已在美國芝加哥、美國華盛頓、英國倫敦、印度德裡、哥斯大黎加聖荷西、巴西聖保羅、西班牙巴塞隆納、加拿大蒙特婁、德國柏林以及中國的北京、深圳、福州等數十個城市開展了社群自治的 Meetup 線下活動，擁有來自世界各地廣泛的支援者。

1.3.2　Filecoin 與其他區塊鏈儲存技術的對比

目前，全球去中心儲存區塊鏈專案出現了包括 Filecoin、Sia、StorJ、Burst、Bluzelle 等一批優質的區塊鏈專案，欲搶佔儲存市場制高點，如圖 1-10 所示。它們都能夠提供類似的去中心化儲存功能，但在具體技術手段和應用場景上則略有差異。下面將重點闡述 IPFS 和 Filecoin 所構建的區塊鏈儲存體系與其他區塊鏈專案的對比。

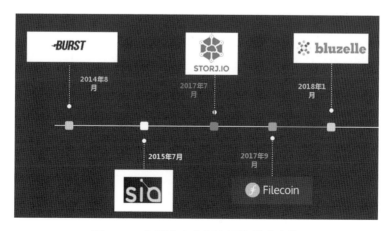

圖 1-10　全球去中心儲存區塊鏈專案比

1.Burst

Burst 作為第一個使用容量證明（Proof-of-capacity）的專案，還是具有很大的進步意義的。該專案是 2014 年 8 月 10 日在 Bitcointalk 上發起的，發起人的帳號是 "Burstcoin"。一年後，創始人 "Burstcoin" 跟中本聰一樣消失了。由於專案是開源的，2016 年 1 月 11 日，一些社群成員將這個開源專案重新啟動，獨立運營開發，並且在 Bitcointalk 上新開了一個專區板塊來維護。

相較 Filecoin 所採用的複製證明和時空證明，Burst 使用的是一種叫作容量證明（Proof-of-capacity）的機制，即：挖礦的時候，利用礦機未使用的硬碟空間，而不是處理器和顯示卡。礦工可以提前生成的大量資料，這裡資料被稱為 plot，然後儲存到硬碟。plot 的生成只需要計算一次，能耗方面表現得更加友好，且實現起來更為簡單。

2. Sia

Sia 是一個 2015 年 7 月發布的去中心化的儲存專案，透過運用加密技術、加密合約和冗餘備份，Sia 能夠使一群互不了解和互不信任的電腦節點聯合起來，成為一種有統一執行邏輯和程式的雲端儲存平台。其傾向於在 P2P 和企業級領域與現有儲存解決方案進行競爭。Sia 不是從集中供應商處租用儲存，而是從彼此個體節點租用儲存。

Sia 採用的是 PoW（Proof Of Work）和 PoS（Proof Of Storage）的組合證明計模式，要使用 Sia，在資料儲存空間的提供者和租用者必須簽訂協定。租用者需要提前購置一筆代幣，用以抵押至鏈上，如果滿足了協定條款，那些代幣就會支付給提供者。如果協定沒有按照預期的那樣完成，代幣就會返還租用者。對於儲存使用者而言，需要為檔案的上傳、下載和儲存付費。

3. StorJ

StorJ 是一個去中心化的、偽區塊鏈的分散式雲端儲存系統，主要功能與中心化的 Dropbox、Onedrive 類似。StorJ 激勵使用者分享自己的剩餘空間和流量，以獲得獎勵。因為其充分利用使用者資源，所以成本極低，並且資料採用端對端加密的冗餘儲存，更加安全可靠。StorJ 已經與開源 FTP 檔案傳輸專案 FileZilla 達成合作。

相較於 Filecoin，StorJ 代幣為基於 ERC2.0 的以太坊眾籌幣種，沒有區塊鏈架構，採用按月支付結算的方式，在這種方式裡租用者頻繁地給託管主機付款，如果使用者不見了或不線上，託管主機將得不到報酬。StorJ 更像一個被專案方撮合的共享儲存經濟體，不存在礦工挖礦產生區塊的概念。

4. Bluzelle

Bluzelle 是一款快速的、低成本的、可擴展的、使用於全球 DApp 的去中心化資料庫服務，填補了去中心化基礎架構的一個關鍵空白。

軟體通常處理兩種類型的資料：檔案和資料欄位。以 IPFS 和 Filecoin 為基礎的專案側重於對大型檔案提供分散式的儲存和分發解決方案，而 Bluzelle 想要打造的是將那些通常很小且大小固定，按照陣列、集合等結構的資料欄位進行結構化儲存，以便於快速儲存和檢索。資料欄位儲存在資料庫中可以實現最佳的安全性、效能和可擴展性，並提供建立、讀取、更新和刪除（CRUD）等基本功能，區別於類似 IPFS 和 Filecoin 這樣的分散式檔案儲存服務。

綜上對比，以 IPFS 和 Filecoin 所構建的區塊鏈儲存體系，同時從基礎層和應用層對傳統雲端儲存模式進行了顛覆，因此決定了其應用的範圍更加廣闊，其對應的加密數位貨幣成長空間也更大。

1.4 IPFS 的應用領域

IPFS 的應用領域如圖 1-11 所示。

<table>
<tr><td>建立永久訊息檔案</td><td>服務端中間件</td><td>海量資料集合分析</td></tr>
<tr><td>構建更健壯的傳輸網路</td><td>與區塊鏈完美結合</td><td>為內容創作者帶來自由</td></tr>
</table>

圖 1-11 IPFS 應用領域

1. 建立長久訊息檔案

IPFS 提供了一個弱冗餘的、高效能的叢集化儲存方案。僅僅透過現有的網際網路模式來組織這個世界的訊息是遠遠不夠的，我們需要建立一個可以被世界長久記住、隨著人類歷史發展而一直存在的訊息檔案。

2. 降低儲存、頻寬成本

IPFS 提供了一個安全的點對點內容分發網路，如果你的公司業務需要分發大量的資料給使用者，IPFS 可以幫你節約大量的頻寬成本。在雲端計算時代，我們大部分的網路頻寬和網路儲存服務都由第三方服務平台來支援，例如 YouTube 這樣的大型影片平台，需要支付高額的流量費用給 ISP（網際網路服務提供商），而 YouTube 也將透過各種商業廣告及收費會員的商業形式把這部分的成本轉嫁到廣大使用者身上，整個流程體系的總成本是相當龐大的。

為了激勵人們參與 IPFS 協定，協定實驗室團隊借鑑了比特幣的經濟模型，設計了基於 IPFS 的區塊鏈：Filecoin。Filecoin 將 IPFS 網路參與者分為兩類：Storage Miner（為網路提供空間的儲存空間）和 Retriver（為網路中的節點提供頻寬，幫助其他使用者傳輸檔案），透過這種共享模型充分利用閒置資源，降低了系統總成本，並為使用者降低了使用成本。目前，將這個應用方向做得比較成功的專案叫 Dtube，它是一個建構在 Steemit 上的去中心化影片播放平台，其使用者上傳的影片檔案都經過 IPFS 協定進行儲存，具有唯一標識。相較於傳統影片網站，它降低了同資源冗餘程度。

3. 與區塊鏈完美結合

IPFS 和區塊鏈是完美的搭配，我們可以使用 IPFS 處理大量資料，並將不變的、永久的 IPFS 連結放置到區塊鏈事務中，而不必將資料本身放在區塊鏈中。畢竟，區塊鏈的本質是分散式帳本，本身的瓶頸之一就是帳本的儲存能力，目前大部分公鏈的最大問題是沒辦法儲存大量的資料在自己的鏈上。比特幣至今全部的區塊資料也才數百 GB，以太坊這樣可編程的區塊鏈專案也只能執行和儲存小段合約程式碼，DApp 的發展受到了很大的制約。運用 IPFS 技術解決儲存瓶頸是可行方案之一。

4. 為內容創作帶來自由

IPFS 為網路內容創作帶來了自由和獨立的精神，可以幫助使用者以一種去中介化的方式交付內容。Akasha 是一個典型的應用，它是一個基於以太坊和 IPFS 的社交部落格創作平台，使用者創作的部落格內容透過一個 IPFS 網路進行發布，而非中心伺服器。同時，將使用者與以太坊錢包帳戶綁定，使用者可以對優質內容進行 ETH 打賞，內容創作者能以此賺取 ETH。它沒有太多審查的限制，也沒有中間商分利，內容收益直接歸創作者所有。

1.5 本章小結

本章主要為讀者構建 IPFS 大緻的概念和框架,只涉及很少量的技術描述。我們知道了,IPFS 是一種基於內容檢索、去中心化、點對點的分散式檔案系統。

IPFS 專案透過整合已有的分散式儲存方式和密碼學的成果,力圖實現網際網路中高可用、資料可持續儲存的全球儲存系統。它整合了分散式雜湊表、BitTorrent、Git 和自驗證檔案系統四種技術的優點。使用 DHT 實現內容檢索;借鑑 BitTorrent,實行分塊儲存、分塊傳輸和獎勵機制;Git 中應用的梅克爾 DAG 使得大型檔案分享、修改變得簡單高效;而自驗證檔案系統確保了資料發布的真實性。我們還回顧了區塊鏈的基本知識和重要研究歷史,了解了區塊鏈從加密演算法到比特幣和以太坊的歷史進程。

同時,我們指出了目前區塊鏈和網際網路難以解決的問題,以及 IPFS 在這二者中有可能會帶來哪些改變。Filecoin 是 IPFS 的激勵層,可激勵礦工貢獻出更多的網路資源和儲存資源,礦工越多,IPFS 和 Filecoin 的網路越健壯、高速。我們還提到了 IPFS 的多層協定堆疊,從上至下為身份、網路、路由、交換、物件、檔案、命名這幾層協定,以及 IPLD、LibP2P、Multiformats 三個元件。同時介紹了 Filecoin 與 Burst、Storj 和 Sia 等區塊鏈儲存專案的區別。第 4 節裡,主要介紹了應用領域的幾個典型的例子,包括分散式社交創作平台 Akasha,基於 Steemit 的去中心化影片平台 Dtube,以及目前區塊鏈與 IPFS 結合使用的方式。

下一章,將開始介紹 IPFS 的底層原理。

第 2 章

IPFS 底層基礎

歡迎來到第 2 章。這一章的內容相對較多，也相對獨立。你可以選擇先閱讀這一章，了解這幾個基礎性系統的設計理念和演算法細節，也可以暫時跳過這一章，直接去了解 IPFS 系統設計。本章會著重介紹 IPFS 的幾個基礎性的子系統和資料結構，包括 DHT、BitTorrent、Git 和自驗證檔案系統，以及 Merkle 結構。

2.1　分散式雜湊表（DHT）

第一代 P2P 檔案網路需要中央資料庫協調，例如在 2000 年前後風靡一時的音樂檔案分享系統 Napster。在 Napster 中，使用一個中心伺服器接收所有的查詢，伺服器負責回傳使用者端所需要的資料位址列表。這樣的設計容易導致單點失效，甚至導致整個網路癱瘓。

在第二代分散式檔案系統中，Gnutella 使用訊息洪泛方法（message flooding）來定位資料。查詢訊息會公布給全網所有的節點，直到找到這個訊息，然後返回給查詢者。當然，由於網路承載力有限，這種盲目的請求會導致網路快速耗盡，因此需要設定請求的生存時間以控制網路內請求的數量。但無論如何，這種方式所需的網路請求量非常大，很容易造成擁堵。

到了第三代分散式檔案系統中，DHT 的創新提供了新的解決方案。DHT（Distributed Hash Table）主要的做法是，全網維護一個巨大的檔案索引雜湊表，這個雜湊表的條目形如 <Key, Value>。這裡 Key 通常是檔案的某個雜湊演算法下的雜湊值（也可以是檔名或者檔案內容描述），而 Value 則是儲存檔案的 IP 位址。查詢時，僅需要提供 Key，就能從表中查詢到儲存節點的位址並返回給查詢節點。當然，這個雜湊表會被分割成小塊，按照一定的演算法和規則分布到全網各個節點上。每個節點僅需要維護一小塊雜湊表。這樣，節點查詢檔案時，只要把查詢報文路由到相應的節點即可。

下面介紹三種 IPFS 引用過的有代表性的分區表類型，分別是 Kademlia DHT、Coral DHT 和 S/Kademlia。

2.1.1　Kademlia DHT

Kademlia DHT 是分散式雜湊表的一種實現，它的發明人是 Petar Maymounkov 和 David Mazières。Kademlia DHT 具有以下的特性：

❏ 節點 ID 與關鍵字是同樣的值域，都是使用 SHA-1 演算法生成的 160 位摘要，這樣大大簡化了查詢時的訊息量，更便於查詢。

❏ 可以使用 XOR，計算任意兩個節點的距離或節點和關鍵字的距離。

❏ 尋找一條請求路徑的時候，每個節點的訊息是完備的，只需要進行 $Log(n)$ 量級次跳轉。

❏ 可根據查詢速度和儲存量的需求調整每個節點需要維護的 DHT 大小。

KAD 網路對之前我們說的 DHT 有較大的改進，一個新來的網路節點在初次連線網路時會被分配一個 ID；每個節點自身維護一個路由表和一個 DHT，這個路由表儲存網路中一部分節點的連線訊息，DHT 用於存放檔案訊息；每個節點優先儲存距離自己更近的節點訊息，但一定確保距離在 $[2^{n,2}(n+1)-1]$ 的全部節點至少儲存 k 個（k 是常數），我們稱作 K-Bucket；每個網路節點需要優先儲存與自己的 ID 距離較小的檔案；每次檢索時，計算查詢檔案的雜湊值與自己的 ID 的距離，然後找到與這個距離對應的 K-Bucket，向 K-Bucket 中的節點查詢，接受查詢的節點也做同樣的檢查，如果發現自己存有這個資料，便將其返回給查詢的節點。

下面我們詳細說明一下 KAD 網路演算法細節。

1. Kademlia 二叉狀態樹

Kademlia 網路的節點 ID 是由一棵二叉樹維護的，最終生成的二叉樹的特點如下：

❑ 每個網路節點從根節點出發，沿著它的最短唯一前綴到達。

❑ 每個網路節點是葉子節點。圖 2-1 表示了二叉樹的形成過程，例如這裡黑色的節點 ID 擁有一個唯一的前綴 0011。對於任意的一個樹的節點，我們可以沿著它的前綴作為路徑，向下分解成一系列不包含自己的子樹。Kademlia 二叉樹的建立，需要確保每個網路的節點都能從樹根沿著它的最短唯一前綴的路徑到達。

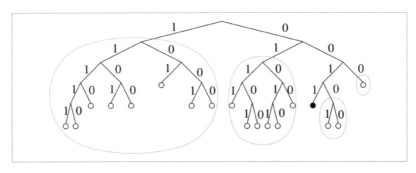

圖 2-1　Kademlia ID 二叉樹結構

下面我們介紹一下節點雜湊是 0011…（一共 160 位）的子樹劃分方法。

現在我們的網路上有 18 個節點，如圖 2-1 所示。從樹根開始，樹根的前綴是空。左子樹和右子樹的編號分別是 1 和 0。因為還存在其他 10 個節點都有共同的前綴 0，那麼我們繼續劃分成 00 和 01 兩棵子樹，我們的目標節點（雜湊值 0011…）顯然屬於 00 這棵子樹。我們繼續檢查，發現還有 3 個節點是 00 前綴，那麼繼續劃分子樹 001、000。雜湊位 00100…和 00101…兩個節點與 0011 依舊是共有 001 前綴，所以 001 還不是最短唯一前綴，我們再繼續劃分子樹，到 0011，那麼不再有其他節點有相同的前綴，這條路徑 0011 就是到樹根最短的路徑，同時 0011 是最短唯一前綴，0011 就成為它的網路 ID。

在 Kademlia 中，每個 DHT 條目包含 <key, value> 對。key 是檔案的雜湊值，value 是節點 ID。key 和 value 有相同的值域，都是 160 位。每一個新加入網路的電腦都會被隨機分配一個節點 ID 值。資料存放在 key 值與 ID 值最接近 key 值的節點上。這樣，我們就需要定義它們的遠近了。XOR 運算可以解決這個問題。<key,Value> 在 160 位 Hash 上，判斷兩個節點 x、y 的距離遠近的方法是進行二進位制運算異或，$d(x,y)=x \oplus y$。兩個二進位制位結果相同，它們的異或值是 0；如不同，值為 1。例如，我們將 111010 和 101011 取 XOR。

```
        111010
XOR 101011
----------------
        010001
```

對於異或操作，有如下一些數學性質：

❑ $d(x, x)=0$

❑ $d(x, y)>0$, iff $x \neq y$

❑ $x, y:d(x, y)=d(y, x)$

❑ $d(x, y)+d(y, z) \geq d(x, z)$

❑ $d(x, y) \oplus d(y, z)=d(x, z)$

❑ 存在一對 $x \geq 0, y \geq 0$，使得 $x+y \geq x \oplus y$

我們很自然地發現，如果給定了 x，任意一個 $a(a \geqq 0)$ 會唯一確定另一個節點 y，滿足 $d(x, y)=a$。假設這裡的 x 是我們需要查詢的檔案 key，我們只需要不斷更新 y，使得 y 沿著 $d(x, y)$ 下降的方向找下去，那麼一定能收斂到距離 x 最近的點。前面我們提到，檔案就是存放在網路編號與檔案雜湊的 XOR 最近的幾個節點上。那麼換句話說，只要沿著 XOR 距離降低的方向尋找，從任意一個網路節點開始查詢，我們總能找到這個存放檔案的位址。而且每次更新總能篩選掉一半的節點，那麼最多只需 Log N 步即可到達。

2. 節點路由表 K-Bucket

節點路由表用於儲存每個節點與自己一定距離範圍內其他節點的連線訊息。每一條路由訊息由如下三個部分組成：IP Address、UDP Port、Node ID。KAD 路由表將距離分成 160 個 K 桶（存放 K 個資料的桶），分開儲存。編號為 i 的路由表，存放著距離為 $[2^{i}, 2(i+1)-1]$ 的 K 條路由訊息。並且每個 K 桶內部訊息存放位置是根據上次看到的時間順序排列的，最早看到的放在頭部，最後看到的放在尾部。因為網路中節點可能處於線上或者離線狀態，而在之前經常線上的節點，我們需要訪問的時候線上的機率更大，那麼我們會優先訪問它（尾部的節點）。

通常來說當 i 值很小時，K 桶通常是空的（以 0 為例，距離為 0 自然只有 1 個節點，就是自己）；而當 i 值很大時，其對應 K 桶的項數又很可能特別多（因為範圍很大）。這時，我們只選擇儲存其中的 K 個。在這裡 k 的選擇需要以系統效能和網路負載來權衡它的數量。比如，在 BitTorrent 的實現中，取值為 $k=8$。因為每個 K-Bucket 覆蓋距離範圍呈指數成長，那麼只需要儲存至多 $160K$ 個路由訊息就足以覆蓋全部的節點範圍了。在查詢時使用遞迴方式，我們能證明，對於一個有 N 個節點的 KAD 網路，最多只需要經過 log N 步查詢，就可以準確定位到目標節點。

當節點 x 收到一個訊息時，發送者 y 的 IP 位址就被用來更新對應的 K 桶，具體步驟如下。

1）計算自己和發送者的 ID 距離：$d(x,y)=x \oplus y$。

2）透過距離 d 選擇對應的 K 桶進行更新操作。

3）如果 y 的 IP 位址已經存在於這個 K 桶中，則把對應項移到該 K 桶的尾部；
   如果 y 的 IP 位址沒有記錄在該 K 桶中，則：

   ① 如果該 K 桶的紀錄項小於 k 個，則直接把 y 的 (IP address,UDP port,Node ID) 訊息插入佇列尾部。

   ② 如果該 K 桶的紀錄項大於 k 個，則選擇頭部的紀錄項（假如是節點 z）進行 RPC_PING 操作。

❏ 如果 z 沒有響應，則從 K 桶中移除 z 的訊息，並把 y 的訊息插入佇列尾部。

❏ 如果 z 有響應，則把 z 的訊息移到佇列尾部，同時忽略 y 的訊息。

K 桶的更新機制非常高效地實現了一種把最近看到的節點更新的策略，除非線上節點一直未從 K 桶中移出過。也就是說，線上時間長的節點具有較高的可能性繼續保留在 K 桶列表中。採用這種機制是基於對 Gnutella 網路上大量使用者行為習慣的研究結果，即節點的線上機率與線上時長為正比關係，如圖 2-2 所示。

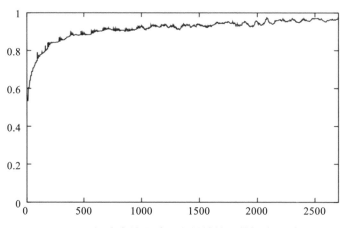

圖 2-2　網路中線上時長和繼續線上的機率關係

可以明顯看出，使用者在線時間越長，他在下一時段繼續在線的可能性就越高。所以，透過把在線時間長的節點留在 K 桶裡，可以明顯增加 K 桶中的節點在下一時間段仍然在線的機率，這利於保持 KAD 網路的穩定性和減少網路維護成本（不需要頻繁構建節點的路由表）。

（1）路由查詢機制

KAD 技術最大特點之一就是能夠提供高效的節點尋找機制，並且還可以透過參數調節尋找的速度。假如節點 x 要尋找 ID 值為 t 的節點，Kad 按照如下遞迴操作步驟進行路由尋找：

1）計算到 t 的距離：$d(x,t)=x \oplus t$。

2）從 x 的第 $\log(d)$ 個 K 桶中取出 α 個節點的訊息，同時進行 FIND_NODE 操作。如果這個 K 桶中的訊息少於 α 個，則從附近多個桶中選擇距離最接近 d 的總共 α 個節點。

3）對接受到查詢操作的每個節點，如果發現自己就是 t，則回答自己是最接近 t 的；否則測量自己和 t 的距離，並從自己對應的 K 桶中選擇 α 個節點的訊息給 x。

4）x 對新接收到的每個節點都再次執行 FIND_NODE 操作，此過程不斷重複執行，直到每一個分支都有節點響應自己是最接近 t 的。

5）透過上述尋找操作，x 得到了 k 個最接近 t 的節點訊息。

這裡強調，是 k 個最接近 t 的節點訊息，而不是完全訊息相等，因為網路中可能根本不存在 ID 為 t 的節點。α 也是為權衡效能而設立的一個參數，就像 K 一樣。在 BitTorrent 實現中，取值為 $\alpha=3$。這個遞迴過程一直持續到 x=t，或者路由表中沒有任何關於 t 的訊息。由於每次查詢都能從更接近 t 的 K 桶中獲取訊息，這樣的機制確保了每一次遞迴操作都能夠至少獲得距離減半（或距離減少 1bit）的效果，進而確保整個查詢過程的收斂速度為 $O(\log N)$，這裡 N 為網路全部節點的數量。

上述是查詢節點 ID 的方法，對於檔案查詢也是一樣的方法。區別僅在於進行 FIND_Value 操作，尋找自己是否保存 ID 為 t 的檔案。檔案查詢過程的收斂速度同樣是 $O(\log N)$。

（2）節點加入和離開

如果節點 u 要加入 KAD 網路，它必須和一個已經在 KAD 網路中的節點，比如 w，取得聯繫。u 首先把 w 插入自己適當的 K 桶中，對自己的節點 ID 執行一次 FIND_NODE 操作，然後根據接收到的訊息更新自己的 K 桶內容。透過對自己鄰近節點由近及遠的逐步查詢，u 完成了仍然是空的 K 桶訊息的構建，同時也把自己的訊息發布到其他節點的 K 桶中。在 KAD 網路中，每個節點的路由表都表示為一棵二叉樹，葉子節點為 K 桶，K 桶存放的是有相同 ID 前綴的節點訊息，而這個前綴就是該 K 桶在二叉樹中的位置。這樣，每個 K 桶都覆蓋了 ID 空間的一部分，全部 K 桶的訊息加起來就覆蓋了整個 160bit 的 ID 空間，而且沒有重疊。

以節點 u 為例，其路由表的生成過程如下：

1）最初，u 的路由表為一個單個的 K 桶，覆蓋了整個 160bit ID 空間。

2）當學習到新的節點訊息後，則 u 會嘗試把新節點的訊息，根據其前綴值插入對應的 K 桶中。

　　① 該 K 桶沒有滿，則新節點直接插入這個 K 桶中；

　　② 該 K 桶已經滿了：如果該 K 桶覆蓋範圍包含了節點 u 的 ID，則把該 K 桶分裂為兩個大小相同的新 K 桶，並對原 K 桶內的節點訊息按照新的 K 桶前綴值進行重新分配；如果該 K 桶覆蓋範圍沒有包含節點 u 的 ID，則直接丟棄該新節點訊息。

3）上述過程不斷重複，直到滿足路由表的要求。達到距離近的節點的訊息多、距離遠的節點的訊息少的結果，這樣就確保了路由查詢過程能快速收斂。

節點離開 KAD 網路不需要發布任何訊息，等待節點離線的時間足夠長，其他網路節點訪問它失效後，便會自動將其移出各自的路由表，那麼這一節點也就離開了。

2.1.2　Coral DSHT

Coral 協定是在 2004 年，由紐約大學的 Michael Freedman、Eric Freudenthal 和 David Nazieres 發明的一套內容分發網路系統（Content Delivery Network）。CDN 的設計是為了避開網際網路傳輸瓶頸，並且降低內容供應伺服器的網路壓力，使得內容能更快速、更穩定地傳遞給用戶端。CDN 的基本概念是在網路部署一些節點伺服器，並且建立一套虛擬網路。網路中節點伺服器之間即時更新連線訊息、延時訊息、使用者距離參數等，然後將使用者的請求重定向到最適合的節點伺服器上。這樣做有諸多好處，首先，透過節點伺服器中轉，使用者造訪網頁的速度大大提高了；其次，節點伺服器會快取內容伺服器的查詢訊息，那麼也降低了內容伺服器的網路負載；最後，內容伺服器有可能出現暫時的離線，那麼使用者同樣能透過節點伺服器中的快取讀取。

Coral DSHT 則是 Coral CDN 最核心的元件之一。我們在 2.1.1 節中闡述過，Kademlia 協定使用的是 XOR 距離，即訊息永遠是儲存在 XOR 距離最近的節點中。而這並沒有考慮實際網路的情況，例如節點之間的延時、資料的位置。這樣會浪費大量網路頻寬和儲存空間。Coral 解決了這個問題，不同於經典的 DHT 方式，Coral 首先對所有的節評論估連線情況，然後根據循環時間（Round-Trip Time）劃分為幾個等級（Coral 中是 3 層），L2(<20ms)、L1(<60ms)、L0（其他）。Coral 還提供了兩個操作介面，put 和 get，用於添加和尋找一個鍵值對，以確定從哪一個等級的 DSHT 中查詢。後面我們會詳細描述它是如何實現的。

Coral DSHT（Distributed Sloppy hash table）適用於軟狀態的鍵值對檢索，也就是同一個 Key 可能會儲存多個 Value。這種機制能把給定的 Key 映射到網路中的 Coral 伺服器位址。比如，使用 DSHT 來查詢距離使用者較近的域名伺服器；查詢擁有特定網站快取訊息的伺服器；定位周圍的節點來最小化請求延時。

1. 索引機制和分層

Coral 對路由表的處理也比較特殊，每一個 Coral 節點根據它們的延時特性放在不同的 DSHT 中。同一個 DSHT 的節點被稱為一個叢集（Cluster），每個叢集有一個最大延時時間，稱為叢集直徑（Diameter）。而整個系統會預先設定一個直徑，稱為等級（Level）。在每個等級劃分下，每個節點都會是某一個 DSHT 的成員。一組節點只有滿足兩兩直徑小於第 i 個等級的極限時，它們才能成為一個叢集。在 Coral 中，將 DSHT 分成了三層，Level-2 對應兩兩延時小於 20 毫秒，Level-1 對應兩兩延時小於 60 毫秒，Level-0 對應其他的全部節點。Coral 在詢問時，也會優先請求等級更高、相應時間更短的節點。如果失敗了，才會在下一級節點中請求。這樣的設計不但降低了查詢的延時，也更可能優先獲得臨近節點的返回資料。

2. 基於鍵值對的路由層

Coral 的鍵值對與 Kademlia 一樣，都是由 SHA-1 雜湊計算得來的，有 160bit。每個節點的 ID 是由它的 IP 位址透過 SHA-1 運算出來的。我們在此可以透過 Put 指令儲存一個 <Key, Value> 對，用來表明 Key 和 Value 是接近的；也可以透過 Get 指令，來查詢對於同一個 Key，節點的遠近順序如何。具體的計算方法和路由方法與在 2.1.1 節中講的 Kademlia 協定是一樣的。

3. Sloppy 儲存

在 Kademlia 協定中，資料會直接儲存到 XOR 更近的節點。但實際情況是，如果某些資料非常熱門，其他節點也會大量查詢，會因此造成擁塞，我們稱作 Hot-Spot；同時，一個快取鍵值對儲存了過多的值，我們稱其為 Tree-saturation。Sloppy 儲存就是希望規避這兩種情況發生。

每一個 Coral 節點定義有兩種異常狀態，Full 和 Loaded。Full 狀態定義為：在目前節點 R，已經存在 L 個 <Key, Value> 對使得 Key=k，並且這 L 個鍵值對的生存週期都大於新值的 1/2。Loaded 狀態定義為：對於給定的 Key=k，在過去的一分鐘裡已經收到超過特定次請求。

那麼 Coral 在執行儲存操作的時候分為兩步進行。

第一步為前向查詢，Coral 會持續疊代尋找距離 Key 更近的節點 ID，這一點和 Kademlia 協定完全一樣。每一個節點返回兩個訊息，其一，該節點是否載入，其二，對於該 Key，這一節點儲存有幾個 Value，每一個 Value 的實效時間是多長。用戶端根據接收到的這些訊息決定這些節點是否可以儲存新的值。前向查詢的過程會一直繼續，直到用戶端找到一個距離 Key 值最近的可連線節點。如果對某個節點查詢異常，這一節點將不再繼續疊代查詢。可連線節點將被逐一壓進堆疊裡。

第二步為反向查詢，用戶端從第一步中得到了可以存放的節點列表。那麼按照距離 Key 從近到遠的順序，依次嘗試添加 <Key, Value> 對到這些節點。如果操作失敗，比如在此時有其他節點也進行了插入，這一節點成為 FULL 狀態，那麼用戶端將放棄儲存這一節點，將其從堆疊內彈出，並嘗試下一個節點，直到被成功儲存。

取回的操作其實是存放操作的逆過程，在此不贅述。

2.1.3 S/Kademlia DHT

Kademlia 用於完全開放的 P2P 網路，如果不提供任何安全措施，它很容易受到來自惡意節點發動的各類攻擊。由此 Ingmar Baumgart 和 Sebastian Mies 二人設計了一種更安全的 S/Kademlia（S/K）協定。基於 Kademlia 協定，S/K 協定在節點 ID 中加入隱式身份認證和兄弟廣播（sibling Broadcast）。這樣，S/K 就有能力抵禦常見的日蝕攻擊（eclipse attack）和女巫攻擊（Sybil attack）了。

1. Kademlia 面臨的攻擊

按照受到攻擊的結構來看，攻擊主要分為兩類，第一類攻擊是針對路由表控制網路中部分節點；第二類則是惡意消耗占用節點的資源。前者包括日蝕攻擊、女巫攻擊、流失攻擊（Churn attack）和對抗路由攻擊。

(1) 日蝕攻擊

如果一個節點在網路中能夠自由選擇它的 ID，攻擊者可以在網路中安放一些惡意節點，使得訊息都必須經由惡意節點傳遞。那麼這樣一來，惡意節點就能夠在網路中將一個或幾個節點從網路中隱藏掉。只要惡意節點不能自由選擇 ID 或者很難透過策略修改其他節點的 K-Bucket，這一攻擊就能避免了。我們從 2.1.1 節得知，KAD 會優先請求 K-Bucket 中的長時間軸上的節點，一旦被攻擊節點的 K-Bucket 是非滿的，惡意節點就有機會加入攻擊節點的 K-Bucket，那麼攻擊者只要擁有足夠長的線上時間就能實現攻擊了。

(2) 女巫攻擊

在開放的對等網路裡，攻擊者可以假冒多個 ID，用少數網路節點控制多個虛假身份。KAD 網路難以控制節點的數量，那麼攻擊者偽造大量虛假節點身份，就能控制部分網路。通常情況下可以透過消耗一定的系統和計算資源提高女巫攻擊者的成本。當然，這也只能改善並不能杜絕。

(3) 流失攻擊

攻擊者擁有網路的一些節點，即惡意節點，這可能會在網路中引發大量流量流失，進而導致網路穩定性降低。

(4) 對抗路由攻擊

惡意節點在收到查詢指令後，不是按照 KAD 的要求返回距離 Key 最接近的網路節點，而是轉移給同夥節點。同夥節點也做同樣的操作，而不返回給查詢節點所需要的訊息，那麼這樣一來查詢就會失效。我們發現，整個過程中必須將查詢訊息傳遞給惡意節點，這一攻擊才能發動。那麼我們可以在查詢時，設計演算法並行地查詢，並且每一條查詢路徑不相交。這樣一來，只要並行查詢的路徑中有一條不碰到惡意節點，查詢就能成功了。

2. S/K 防護方式

S/K 協定就是做出了上述的幾個改進：為了避免日蝕攻擊和女巫攻擊，S/K 需要節點不能自由選擇節點 ID，不能大批次生成 ID，同時不能竊取和偽裝其他節點的 ID。這一方法可以透過非對稱加密確保節點身份不被竊取，我們可以設定一定的計算量障礙，強迫節點進行一定的雜湊運算來確保不能自由選擇和批次生產 ID。

為了避免對抗路由攻擊，我們需要並行尋找不相交的路徑。

(1) 安全的節點分配策略

S/K 節點 ID 分配策略方案有 3 個要求：節點不能自由選擇其 ID；不能生成多個 ID；不能偽裝和竊取其他節點的 ID。

為了實現這些要求，S/K 設定了如下方法增加攻擊的難度。每個節點在接入前必須解決兩個密碼學問題，靜態問題是：產生一對公鑰和私鑰，並且將公鑰做兩次雜湊運算後，具有 c_1 個前導零。那麼公鑰的一次雜湊值，就是這個節點的 NodeID。動態問題是：不斷生成一個隨機數 X，將 X 與 NodeID 求 XOR 後再求雜湊，雜湊值要求有 $c2$ 個前導零。靜態問題確保節點不再能自由選擇節點 ID 了，而動態問題則提高了大量生成 ID 的成本。那麼女巫攻擊和日蝕攻擊將難以進行。

為確保節點身份不被竊取，節點需要對發出的訊息進行簽名。考慮安全性，可以選擇只對 IP 位址和埠進行弱簽名；或者對整個訊息進行簽名，以確保訊息的完整性。在其他節點接收到訊息時，首先驗證簽名的合法性，然後檢查節點 ID 是否滿足上述兩個難題的要求。我們發現，對於網路其他節點驗證訊息的合法性，它的時間複雜度僅有 (1)；但是對於攻擊者，為了生成這樣一個合法的攻擊訊息，其時間複雜度是（$2^{c^1}+2^{c^2}$）。合理選取 $c1$ 和 $c2$，就能有效避免這 3 種攻擊方式了。

(2) 不相交路徑尋找演算法

在 KAD 協定中，我們進行一次查詢時，會訪問節點中的 α 個 K-Bucket 中的節點，這個 K-Bucket 是距離我們需要查詢的 Key 最近的。收到回復後，我們再進一步對返回的節點訊息排序，選擇前 α 個節點繼續疊代進行請求。很明顯，這樣做的缺點是，一旦返回的其他節點訊息是一組惡意節點，那麼這個查詢很可能就會失敗了。

為解決這個問題，S/K 提出的方案如下：每次查詢選擇 k 個節點，放入 d 個不同的 Bucket 中。這 d 個 Bucket 並行尋找，Bucket 內部尋找方式和 KAD 協定完全相同。這樣一來，d 條尋找路徑就能做到不相交。對於任意一個 Bucket，有失效的可能，但是只要 d 個 Bucket 中有一條查詢到了所需要的訊息，這個過程就完成了。

透過不相交路徑尋找，能解決對抗路由攻擊。S/K 協定將 Kademlia 協定改進後，針對常見的攻擊，其安全性大大提昇了。

2.2 區塊交換協定（BitTorrent）

BitTorrent 是一種內容分發協定，它的開創者是美國程式設計師 Bram Cohen（也是著名遊戲平台 Steam 的設計者）。BitTorrent 採用內容分發和點對點技術，幫助使用者之間更有效率地共享大型檔案，減輕中心化伺服器的負載。BitTorrent 網路裡，每個使用者需要同時上傳和下載資料。檔案的持有者將檔案發送給其中一個或多個使用者，再由這些使用者轉發給其他使用者，使用者之間相互轉發自己所擁有的檔案部分，直到每個使用者的下載全部完成。這種方法可以減輕下載伺服器的負載，下載者也是上傳者，平攤頻寬資源，進而大大加快檔案的平均下載速度。

2.2.1 BitTorrent 術語含義

以下是與 BitTorrent 相關的術語。

❏ torrent：它是伺服器接收的中繼資料檔案（通常結尾是 .Torrent）。這個檔案記錄了下載資料的訊息（但不包括檔案自身），例如檔名、檔案大小、檔案的雜湊值，以及 Tracker 的 URL 位址。

❏ tracker：是指網際網路上負責協調 BitTorrent 用戶端行動的伺服器。當你打開一個 torrent 時，你的機器連線 tracker，並且請求一個可以接觸的 peers 列表。在傳輸過程中，用戶端將會定期向 tracker 提交自己的狀態。tracker 的作用僅是幫助 peers 相互達成連線，而不參與檔案本身的傳輸。

❏ peer：peer 是網際網路上的另一台可以連線並傳輸資料的電腦。通常情況下，peer 沒有完整的檔案。peer 之間相互下載、上傳。

❏ seed：有一個特定 torrent 完整複製的電腦稱為 seed。檔案初次發布時，需要一個 seed 進行初次共享。

❏ swarm：連線一個 torrent 的所有裝置群組。

❑ Chocking：Chocking 阻塞是一種臨時的拒絕上傳策略，雖然上傳停止了，但是下載仍然繼續。BitTorrent 網路下載需要每個 peer 相互上傳，對於不合作的 peer，會採取臨時的阻斷策略。

❑ Pareto 效率：帕累托效率（Pareto efficiency）是指資源分配已經到了物盡其用的階段，對任意一個個體進一步提升效率只會導致其他個體效率下降，這表示說明系統已經達到最佳狀態了。

❑ 針鋒相對（Tit-fot-Tat）：又叫一報還一報，是博弈論中一個最簡單的策略。以合作開局，此後就採取以其人之道還治其人之身的策略。它強調的是永遠不先背叛對方，除非自己遭到背叛。在 BitTorrent 中表現為，Peer 給自己貢獻多少下載速度，那麼也就貢獻多少上傳速度給他。

2.2.2　P2P 區塊交換協定

1. 內容的發布

現在我們從流程上解釋，一個新的檔案是如何在 BitTorrent 網路上傳播的。新的檔案發行，需要從 seed 開始進行初次分享。首先，seed 會生成一個副檔名為 .torrent 的檔案，它包含這些訊息：檔名、大小、tracker 的 URL。一次內容發布至少需要一個 tracker 和一個 seed，tracker 儲存檔案訊息和 seed 的連線訊息，而 seed 儲存檔案本身。一旦 seed 向 tracker 註冊，它就開始等待為需要這個 torrent 的 peer 上傳相關訊息。通過 .torrent 檔，peer 會訪問 tracker，獲取其他 peer/seed 的連線訊息，例如 IP 和埠。tracker 和 peer 之間只需要透過簡單的遠端通訊，peer 就能使用連線訊息，與其他 peer/seed 溝通，並建立連線下載檔案。

2. 分塊交換

前面我們提到，peer 大多是沒有完整的複製節點的。為了跟蹤每個節點已經下載的訊息有哪些，BitTorrent 把檔案切割成大小為 256KB 的小片。每一個下載者需要向他的 peer 提供其擁有的片。為了確保檔案完整傳輸，這些已經下載的片段必須透過 SHA-1 演算法驗證。必須在片段被驗證為完整的前提下，才會通知其他 peer 自己擁有這個片段，可以提供上傳。。

3. 片段選擇演算法

上面我們發現，BitTorrent 內容分享的方式非常簡單實用。但是，直覺上我們會發現如何合理地選擇下載片段的順序，對提高整體的速度和效能非常重要。如果某片段僅在極少數 peer 上有備份，則這些 peer 下線了，網路上就不能找到備份了，所有 peer 都不能完成下載。針對這樣的問題，BitTorrent 提供了一系列片段選擇的策略。

❏ 優先完成單一片段：如果請求了某一片段的子片段，那麼本片段會優先被請求。這樣做是為了儘可能先完成一個完整的片段，避免出現每一個片段都請求了同一個子片段，但是都沒有完成的情況。

❏ 優先選擇稀缺片段：選擇新的片段時，優先選擇下載全部 peer 中擁有者最少的片段。擁有者最少的片段意味著是大多數 peer 最希望得到的片段。這樣也就降低了兩種風險，其一，某個 peer 正在提供上傳，但是沒有人下載（因為大家都有這個片段）；其二，擁有稀缺片段的 peer 停止上傳，所有 peer 都不能得到完整的檔案。

❏ 第一個片段隨機選擇：下載剛開始進行時，並不需要優先最稀缺的。此時，下載者沒有任何片斷可供上傳，所以，需要儘快獲取一個完整的片斷。而最少的片斷通常只有某一個 peer 擁有，所以，它可能比多個 peer 都擁有的那些片斷下載得慢。因此，第一個片斷是隨機選擇的，直到第一個片斷下載完成，才切換到「優先選擇稀缺片段」的策略。

❏ 結束時取消子片段請求：有時候，遇到從一個速率很慢的 peer 請求一個片斷的情況，在最後階段，peer 向它的所有的 peer 都發送對某片斷的子片斷的請求，一旦某些子片斷到了，那麼就會向其他 peer 發送取消訊息，取消對這些子片斷的請求，以避免浪費頻寬。

2.2.3　阻塞策略

不同於 HTTP 協定，BitTorrent 中檔案分享完全依賴每個 peer，因此每個 peer 都有提高共享效率的義務。對於合作者，會根據對方提供的下載速率給予同等的上傳速率回報。對於不合作者，就會臨時拒絕對它的上傳，但是下載依然繼續。阻塞演算法雖不在 P2P 協定的範疇，但是對提高效能是必要的。一個好的阻塞演算法應該利用所有可用的資源，為所有下載者提供一致可靠的下載速率，並適當懲罰那些只下載而不上傳的 peer，以此來達到帕累托最優。

1. BitTorrent 的阻塞演算法

某個 peer 不可能與無限個 peer 進行連線，通常情況只能連線 4 個 peer。那麼怎麼控制才能決定選擇哪些 peer 連線使得下載速度達到最優？我們知道，計算目前下載速度其實很難，比如使用 20 秒輪詢方式來估計，或者從長時間網路流量來估計，但是這些方法都不太可行，因為流量隨著時間產生的變化太快了。頻繁切換阻塞 / 連線的操作本身就會帶來很大的資源浪費。BitTorrent 網路每 10 秒重新計算一次，然後維持連線狀態到下一個 10 秒才會計算下一次。

2. 最優阻塞

如果我們只考慮下載速度，就不能從目前還沒有使用的連結中去發現可能存在的更好的選擇。那麼，除了提供給 peer 上傳的連結，還有一個始終暢通的連結叫最優阻塞。不論目前的下載情況如何，它每間隔 30 秒就會重新計算一次哪一個連結應該是最優阻塞。30 秒的週期足夠達到最大上傳和下載速率了。

3. 反對歧視

在特殊情況下，某個 peer 可能被全部的 peer 阻塞了，那麼很顯然，透過上面的方法，它會一直保持很低的下載速度，直到經歷下一次最優阻塞。為了減少這種問題，如果一段時間過後，從某個 peer 那裡一個片斷也沒有得到，那麼這個 peer 會認為自己被對方「怠慢」了，於是不再為對方提供上傳。

4. 完成後的上傳

一旦某個 peer 完成下載任務了，就不再以它的下載速率決定為哪些 peer 提供上傳服務。至此開始，該 peer 優先選擇網路環境更好、連線速度更快的其他 peer，這樣能更充分地利用上傳頻寬。

2.3　版本控制（Git）

1. 版本控制類型

版本控制系統是用於記錄一個或若干檔案內容變化，以便將來查閱特定版本修訂情況的系統。例如我們在做開發時，版本控制系統會幫我們實現對每一次修改的備份，可以方便地回到之前的任意一個版本。實現版本控制的軟體有很多種類，大致可以分為三類：本機版本控制系統、中心化版本控制系統、分散式版本控制系統。

(1) 本機版本控制系統

許多人習慣用複製整個專案目錄的方式來儲存不同的版本，或許還會改名加上備份時間以示區別。這麼做唯一的好處就是簡單，但是特別容易犯錯。有時候會混淆所在的工作目錄，一不小心會寫錯檔案或者覆蓋其他檔案。為了解決這個問題，人們很久以前就開發了各式各樣的本機版本控制系統，大多都是採用某種簡單的資料庫來記錄檔案的歷次更新差異。

其中最流行的一種稱為 RCS，現今許多電腦系統上都還能看到它的蹤影。甚至在流行的 Mac OS X 系統上安裝了開發者工具套件之後，也可以使用 RCS 指令。它的工作原理是在硬碟上儲存補丁集（補丁是指檔案修訂前後的變化）；透過套用所有的補丁，可以重新計算出各個版本的檔案內容。

(2) 中心化版本控制系統

接下來人們又遇到一個問題：如何讓不同系統上的開發者協同工作？於是，中心化版本控制系統（Centralized Version Control Systems, CVCS）應運而生，如圖 2-3 所示。如 CVS、Subversion 及 Perforce 等都屬於這類系統，都有一個單一的集中管理的伺服器，儲存所有檔案的修訂版本，而協同工作的人們都透過用戶端連到這台伺服器，取出最新的檔案或者提交更新。多年以來，這已成為版本控制系統的標準做法。

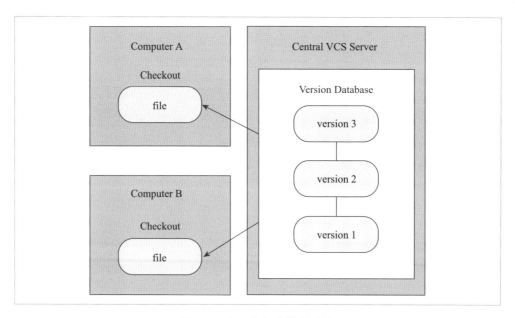

圖 2-3　中心化版本控制系統

這種做法帶來了許多好處，特別是相較於舊式的本機 VCS 有優勢。每個人都可以在一定程度上看到專案中的其他人正在做些什麼，而管理員也可以輕鬆掌控每個開發者的權限。而且管理一個 CVCS 要遠比在各個用戶端上維護本機資料庫來得輕鬆容易。這種方案最顯而易見的缺點是中央伺服器的單點故障。如果中央伺服器當機一小時，那麼在這一小時內，誰都無法提交更新，也就無法協同工作。如果中心資料庫所在的磁碟發生損壞，又沒有及時做備份，毫無疑問你將遺失所有資料，包括專案的整個變更歷史，只剩下人們在各自機器上保留的單獨快照。本機版本控制系統也存在類似問題，只要整個專案的歷史記錄被儲存在單一位置，就有遺失所有歷史更新記錄的風險。

（3）分散式版本控制系統

為了避免中心化版本控制系統單點故障的風險，分散式版本控制系統（Distributed Version Control System, DVCS）面世了。這類系統有 Git、Mercurial、Bazaar 及 Darcs 等，用戶端並不只提取最新版本的檔案快照，而是把程式碼倉庫完整地鏡像下來。它的系統架構如圖 2-4 所示。這麼一來，任何一處協同工作用的伺服器發生故障，事後都可以用任何一個鏡像出來的本機倉庫復原。因為每一次的複製操作，實際上都是一次對程式碼倉庫的完整備份。

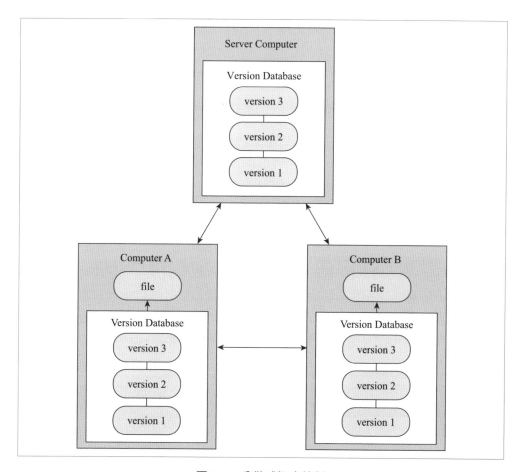

圖 2-4　分散式版本控制

更進一步，許多這類系統都可以指定與若干不同的遠端程式碼倉庫進行互動。
藉此，你就可以在同一個專案中，分別和不同工作小組的人相互協作。你可以
根據需要設定不同的協作流程，比如層次模型式的工作流，而這在以前的集中
式系統中是無法實現的。

2. 快照流

Git 和其他版本控制系統的主要差別在於 Git 儲存資料的方法。從概念上來
區分，其他大部分系統以檔案變更列表的方式儲存訊息，這類系統（CVS、
Subversion、Perforce、Bazaar 等）將它們儲存的訊息看作一組隨時間逐步累積
的檔案差異關係，如圖 2-5 所示。

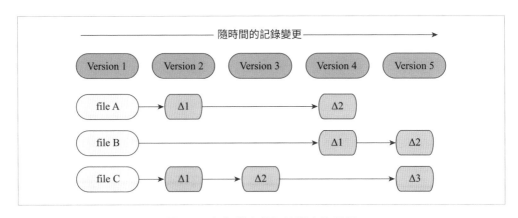

圖 2-5　每個檔案與初始版本的差異

Git 不按照以上方式儲存資料。反之，Git 更像把資料看作對小型檔案系統的一
組快照，如用圖 2-6 所示。每次你提交更新或在 Git 中儲存專案狀態時，它將
為全部檔案生成一個快照並儲存這個快照的索引。為了效率，如果檔案沒有修
改，Git 不再重新儲存該檔案，而是只保留一個連結指向之前儲存的檔案。Git
儲存資料的方式更像是一個快照流。

Git 儲存的是資料隨時間改變的快照。

這是 Git 與其他版本控制系統的最大不同點。因此 Git 綜合考慮了以前每一代版本控制系統延續下來的問題。Git 更像一個小型的檔案系統，提供了許多以此為基礎構建的優秀工具，而不只是一個簡單的版本控制系統。稍後我們在討論 Git 分支管理時，將探討這種方式帶來的好處。

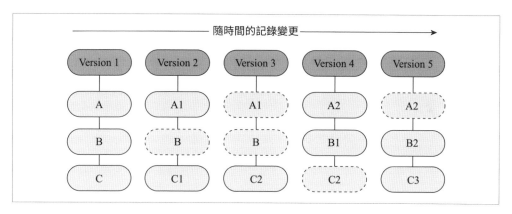

圖 2-6　檔案快照儲存

3. 本機執行操作

在 Git 中的絕大多數操作都只需要存取本機檔案和資源，一般不需要來自網路上其他電腦的訊息。相比於中心化版本控制系統嚴重的網路延時，在本機載入 Git 要快許多。因為你在本機磁碟上就有專案的完整歷史，所以大部分操作看起來瞬間就完成了。

舉個例子，要瀏覽專案的歷史，Git 不需外連到伺服器去獲取歷史，然後再顯示出來，它只需直接從本機資料庫中讀取，你就能立即看到專案歷史。如果你想查看目前版本與一個月前的版本之間引入的修改，Git 會尋找到一個月前的檔案做一次本機的差異計算，而不是由遠端伺服器處理或從遠端伺服器拉回舊版本檔案再回到本機做處理。

這也意味著當你處於離線狀態時，也可以進行幾乎所有的操作。比如：在飛機或火車上想做些工作，你能愉快地提交，直到有網路連線時再上傳；回家

後 VPN 用戶端不正常，你仍能工作。而使用其他系統，做到如此是不可能的
或很費力的。比如，用 Perforce，你沒有連線伺服器時幾乎不能做任何事；用
Subversion 和 CVS，你能修改檔案，但不能向資料庫提交修改（因為你的本機
資料庫離線了）。這看起來不是大問題，但是你可能會驚喜地發現它帶來的巨
大的不同。

4. 只添加資料

我們所執行的 Git 操作，本質都是在 Git 資料庫中增加運算元據。Git 上的操作
幾乎都是可逆的。同其他 VCS 一樣，未提交更新將有可能遺失或弄亂修改的
內容；一旦你將修改快照提交到 Git 系統中，就難再遺失資料。這些特點讓 Git
在版本控制領域成為一個非常優秀的工具，因為我們可以盡情做各種修改嘗
試，而仍有回溯的機會。

5. 完整性校驗

Git 中所有資料在儲存前都會計算校驗和，然後以校驗和來引用。這意味著不
可能在 Git 不知情時更改任何檔案內容或目錄內容。這個功能由 Git 在底層實
現。若你在編輯過程中遺失訊息或損壞檔案，Git 就能發現。

Git 用以計算校驗的雜湊演算法是 SHA-1。Git 會將檔案的內容或目錄結構一同
計算，得出它們的雜湊值，確保檔案和路徑的完整性。Git 中使用這種雜湊值
的情況很多，你將經常看到這種雜湊值。實際上，Git 資料庫中儲存的訊息都
是以檔案內容的雜湊值來索引的，而不是檔名。

6. 工作區與工作狀態

Git 有三種狀態：已提交（committed）、已修改（modified）和已暫存（staged），
你的檔案一定是在上述一種狀態之中。已提交表示資料已經安全地儲存在本機
資料庫中；已修改表示修改了檔案，但還沒儲存到資料庫中；已暫存表示對一
個已修改檔案的目前版本做了標記，使之包含在下次提交的快照中。

由此引入 Git 專案的三個工作區域的概念：工作目錄、Git 倉庫及暫存區域。Git 倉庫包括本機倉庫和遠端倉庫。

1）工作目錄：直接編輯修改的目錄。工作目錄是將專案中某個版本獨立提取出來的內容放在磁碟上供你使用或修改。

2）Git 倉庫：儲存專案的中繼資料和物件資料庫。這是 Git 中最重要的部分，從其他電腦複製倉庫時，複製的就是這裡的資料。

3）暫存區域：是一個檔案，儲存了下次將提交的檔案列表訊息。在 Git 倉庫中。有時候也被稱作「索引」，不過一般還是叫暫存區域。

定義了這三個工作區域，工作流程就很清晰了。基本的 Git 工作流程如下：

1）在工作目錄中修改檔案。

2）暫存檔案，將檔案的快照放入暫存區域。

3）提交更新，找到暫存區域的檔案，將快照永久性儲存到 Git 倉庫。

如果 Git 倉庫中儲存著的特定版本檔案，就屬於已提交狀態。如果做了修改並已放入暫存區域，就屬於已暫存狀態。如果自上次取出後，做了修改但還沒有放到暫存區域，就是已修改狀態。

7. 分支

為了理解 Git 分支的實現方式，我們需要回顧一下 Git 是如何儲存資料的。Git 儲存的不是檔案差異或者變化量，而是一系列檔案快照。在 Git 中提交時，會儲存一個提交（commit）物件，該物件包含一個指向暫存內容快照的指標，包含本次提交的作者等相關附屬訊息，包含零個或多個指向該提交物件的父物件指標：首次提交是沒有直接祖先的，普通提交有一個祖先，由兩個或多個分支合併產生的提交則有多個祖先。

舉例來說，假設在工作目錄中有三個檔案，準備將它們暫存後提交。暫存操作會對每一個檔案計算校驗和，然後把目前版本的檔案快照儲存到 Git 倉庫中（Git 使用 blob 類型的物件儲存這些快照），並將校驗和加入暫存區域。

```
$ git add README test.rb LICENSE
$ git commit -m 'initial commit of my project'
```

當使用 git commit 建立一個提交物件前，Git 會先計算每一個子目錄（本例中就是專案根目錄）的校驗和，然後在 Git 倉庫中將這些目錄儲存為樹（tree）物件。之後 Git 建立的提交物件，除了包含相關提交訊息以外，還包含著指向這個樹物件（專案根目錄）的指標，如此它就可以在將來需要的時候，重現此次快照的內容了。

現在，Git 倉庫中有 5 個物件：3 個表示檔案快照內容的 blob 物件；1 個記錄著目錄樹內容及其中各個檔案對應 blob 物件索引的 tree 物件；以及 1 個包含指向 tree 物件（根目錄）的索引和其他提交訊息中繼資料的 commit 物件。概念上來說，倉庫中的各個物件儲存的資料和相互關係看起來如圖 2-7 所示。

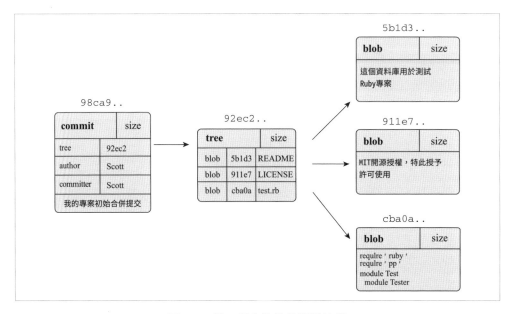

圖 2-7　單一提交物件的資料結構

做些修改後再次提交，那麼這次的提交物件會包含一個指向上次提交物件的指標。兩次提交後，倉庫歷史會變成圖 2-8 所示的樣子。

現在來談分支。Git 中的分支本質上僅是個指向 commit 物件的可變指標。Git 使用 master 作為分支的預設名字。第一個分支也常被稱為主幹。主幹可被複製為其他分支，每條分支的可變指標在每次提交時都會自動向前移動，如圖 2-9 所示。

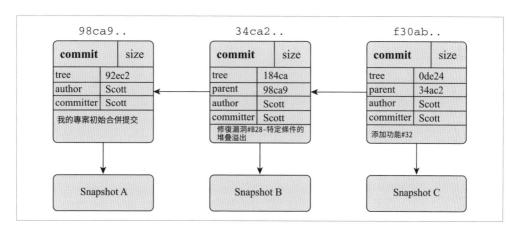

圖 2-8　多個提交物件之間的連結關係

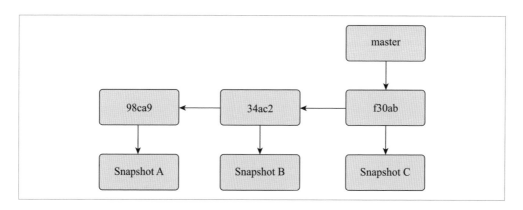

圖 2-9　分支中的歷史提交

2.4 自驗證檔案系統（SFS）

自驗證檔案系統（Self-Certifying File System, SFS）是由 David Mazieres 和他的導師 M. Frans Kaashoek 在其博士論文中提出的。SFS 是為了設計一套整個網際網路共用的檔案系統，全球的 SFS 系統都在同一個命名空間下。在 SFS 中，分享檔案會變得十分簡單，只需要提供檔名就行了。任何人都能像 Web 一樣，建構起 SFS 伺服器，同時任意一個用戶端都能連線網路中任意一個伺服器。

直覺上，我們可以感受到，要實現一個全球共享的檔案系統，最大的障礙莫過於如何讓服務端為用戶端提供認證。一個我們能想到的思路就是每個伺服器都使用非對稱加密，生成一對私鑰和公鑰。用戶端使用伺服器的公鑰來驗證伺服器的安全連線。那麼這樣又有一個新問題，如何讓用戶端在最初獲得伺服器的公鑰呢？在不同的需求場景下，使用者對密鑰管理的要求是不同的，又如何實現密鑰管理的可擴展性呢？

SFS 則使用了一種解決方案，一種新的方式，它將公鑰訊息嵌入檔名中，這個做法命名為「自驗證檔名」。那麼顯然，這樣做以後我們就無須在檔案系統內部實現密鑰管理了。這部分密鑰管理的功能可以加入使用者對檔案命名的規則中。這樣一來給使用者的加密方式帶來很多便利，使用者可以根據需求，自行選擇需要的加密方式。

SFS 核心思想有如下幾點：

❑ SFS 檔案系統具備自驗證路徑名稱，不需要在檔案系統內部實現密鑰管理。

❑ 在 SFS 上易於架設各種密鑰管理機制，包括各類組合機制。

❑ SFS 將密鑰管理與密鑰分發解耦。

❑ 實現全球範圍的檔案系統。

2.4.1 SFS 設計

1. 安全性

SFS 系統的安全性可以由兩部分定義：檔案系統本身的安全性和密鑰管理的安全性。換句話說，安全性意味著攻擊者未經許可不能讀取或者修改檔案系統；而對於使用者的請求，檔案系統一定會給使用者返回正確的檔案。

❏ 檔案系統本身的安全性：SFS 除非明確指明允許匿名訪問，否則使用者如果需要讀取、修改、刪除或者對檔案進行任何篡改，都需要提供正確的密鑰。用戶端與伺服器始終在加密的安全通道中進行通訊，通道需要確保雙方的身份，以及資料完整性和即時性（避免攻擊者截獲封包，並將其重新髮送，欺騙系統，這稱為重放攻擊）。

❏ 密鑰管理的安全性：僅僅依靠檔案系統的安全保護並不能滿足使用者的各類需求，使用者可以使用密鑰管理來達到更進階別的安全性。使用者可以使用預先設定的私鑰，或使用多重加密，再或者使用由第三方公司提供的檔案系統來訪問經過認證的檔案伺服器。使用者可以從中靈活、輕鬆地構建各種密鑰管理機制。

2. 可擴展性

因為 SFS 定位是全球範圍共享的檔案系統，所以 SFS 應該具有良好的可擴展效能。無論使用者是希望以密碼認證方式讀取個人檔案，還是瀏覽公共伺服器上的內容，SFS 都應該能夠相容。

在 SFS 系統的設計中，任何在 Internet 網路內擁有域名或 IP 位址的伺服器，都能部署為 SFS 伺服器，並且過程十分簡單，甚至無須請求註冊權限。SFS 透過三個屬性實現它的擴展：全網共享的命名空間，用於實現密鑰管理的原語集，以及模組化設計。

❏ 全域命名空間：在任意一個用戶端登入的 SFS 都具有相同的命名空間。雖然 SFS 中在每個用戶端都會共享相同的檔案，但是沒有任何人能控制全域的命名空間；每個人都能添加新的伺服器到這個命名空間裡。

❏ 密鑰管理的原語集：SFS 還允許使用者在檔名解析期間使用任意演算法來尋找和驗證公鑰。不同的使用者可以採用不同的技術認證相同的伺服器；SFS 允許他們安全地共享檔案快取。

❏ 模組化設計：用戶端和伺服器在設計時就大量使用了模組化設計，程式之間大多使用設計好的介面進行通訊。這樣，更新疊代系統各個部分，或者添加新的功能特性會非常簡單。

2.4.2　自驗證檔案路徑

自驗證檔案系統的一個重要的特性，就是在不依賴任何外部訊息的條件下，利用加解密來控制權限。這是因為，如果 SFS 使用本機設定檔案，那麼顯然這與全域檔案系統的設計相悖；如果使用一個中心化伺服器來輔助連線，使用者可能產生不信任。那麼，如何在不依賴外部訊息的情況下，來安全地獲取檔案資料呢？ SFS 提出了一種新的方式，即透過可以自我證明身份的路徑名實現。

SFS 路徑中包含了構成與指定伺服器構建連線的需要的全部訊息，例如網路位址和公鑰。SFS 檔案路徑包含三個部分：

(1) 伺服器位置

告知 SFS 用戶端檔案系統伺服器的位址，它可以是 IP 位址或者 DNS 主機名稱。

(2) HostID

告知 SFS 如何與伺服器構建安全的連線通道。為了確保連線的安全性，每個 SFS 用戶端都有一個公鑰，而 Host ID 通常設定為主機名稱與公鑰的雜湊。通常情況下，SFS 會按照 SHA-1 函數計算。

```
HostID = SHA-1 ("HostInfo", Location, PublicKey, "HostInfo",
    Location, PublicKey)
```

使用 SHA-1 主要考慮了計算的簡易性，以及一個能接受的安全等級。SHA-1 的輸出是固定的 20 位元組，它比公鑰短得多。同時 SHA-1 能為 SFS 提供足夠的密碼學保護，找到一對合法的伺服器位置與公鑰對來滿足要求，它的構造難度非常大。

(3) 在遠端伺服器上檔案的位址

前面兩個訊息是為了找到目標伺服器並構建安全連線，最後只需要提供檔案的位置、定位需求的檔案即可。整個自驗證檔案路徑的形式如下：

Location	HostID	path
/sfs/sfs.lcs.mit.edu:	vefvsv5wd4hz9isc3rb2x648ish742h	/pub/links/sfscvs

即給定一個 IP 位址或域名作為位置，給定一個公鑰 / 私鑰對，確定相應的 Host ID，執行 SFS 伺服器軟體，任何一個伺服器都能透過用戶端將自己加入 SFS 中，而無須進行任何的註冊過程。

2.4.3　使用者驗證

自驗證的路徑名能幫助使用者驗證伺服器的身份，而使用者驗證模組則是幫助伺服器驗證哪些使用者是合法的。與伺服器身份驗證一樣，找到一種能用於所有使用者身份驗證的方法同樣是很難達到的。因此 SFS 把使用者身份驗證與檔案系統分開。外部軟體可以根據伺服器的需求來設計協定驗證使用者。

SFS 引入了 Agent 用戶端模組來負責使用者認證工作。當使用者第一次訪問 SFS 檔案系統時，用戶端會載入訪問並通知 Agent 這一事件。然後，Agent 會向遠端伺服器認證這個使用者。從伺服器角度來看，這部分功能從伺服器搬到了一個外部認證的通道。Agent 和認證伺服器之間透過 SFS 傳遞訊息。如果驗證者拒絕了驗證請求，Agent 可以改變認證協定再次請求。如此一來，可以實現添加新的使用者驗證訊息卻不需要修改實際的真實檔案系統。如果使用者在檔案伺服器上沒有註冊過，Agent 在嘗試一定次數以後拒絕使用者的身份驗證，並且將授權使用者以匿名方式檔案系統。另外，一個 Agent 也能方便地透過多種協定連線任意給定的伺服器，這些設計都會非常方便、快捷和靈活。

2.4.4　密鑰復原機制

有些時候伺服器的私鑰可能會被洩露，那麼原有的自驗證檔案路徑可能會錯誤地定位到惡意攻擊者設定的伺服器。為了避免這種情況發生，SFS 提供了兩種機制來控制：密鑰復原指令和 Host ID 阻塞。密鑰復原指令只能由檔案伺服器的擁有者發送，它的發送目標是全部的使用者。這一指令本身是自驗證的。而 Host ID 阻塞是由其他節點發送的，可能與檔案伺服器擁有者衝突，每一個驗證的 Agent 可以選擇服從或者不服從 Host ID 阻塞的指令。如果選擇服從，對應的 Host ID 就不能被訪問了。

密鑰復原指令的形式如下：

```
Revokemessage={"PathRevoke" ,Location,Public_Key,NULL}||Secret_Key
```

在這裡 PathRevoke 欄位是一個常量；Location 是需要復原密鑰的自驗證路徑名稱；NULL 是為了保持轉髮指標指令的統一性，在這裡將轉髮指標指向一個空路徑，意味著原有指標失效了；這裡 Public_Key 是失效前的公鑰；Secret_Key 是私鑰。這一條訊息能夠確保復原指令是由伺服器所有者簽發的。

當 SFS 用戶端軟體看到吊銷證書時，任何要求訪問復原位址的請求都會被禁止。服務端會透過兩種方式獲取密鑰復原指令：SFS 連線到伺服器的時候，如果訪問到已經復原的位址或路徑，它會收到由伺服器返回的密鑰復原指令；使用者初次進行自認證路徑名時，用戶端會要求 Agent 檢查其是否已經被復原，Agent 會返回相應的結果。復原指令是自驗證的，因此分發復原指令並不是那麼重要，我們可以很方便地請求其他源頭髮送的復原指令。

2.5　Merkle DAG 和 Merkle Tree

對於 IPFS，Merkle DAG 和 Merkle Tree 是兩個很重要的概念。Merkle DAG 是 IPFS 的儲存物件的資料結構，Merkle Tree 則用於區塊鏈交易的驗證。Merkle Tree 通常也被稱為雜湊樹（Hash Tree），顧名思義，就是儲存雜湊值的一棵樹；而 Merkle DAG 是梅克爾有向無環圖的簡稱。二者有相似之處，也有一些區別。

從物件格式上，Merkle Tree 的葉子是資料塊（例如，檔案、交易）的雜湊值。非葉節點是其對應子節點串聯字串的雜湊。Merkle DAG 的節點包括兩個部分，Data 和 Link；Data 為二進位制資料，Link 包含 Name、Hash 和 Size 這三個部分。從資料結構上看，Merkle DAG 是 Merkle Tree 更普適的情況，換句話說，Merkle Tree 是特殊的 Merkle DAG。從功能上看，後者通常用於驗證資料完整性，而前者大多用於檔案系統。

下面我們對這兩種資料結構和用法詳細解釋。

2.5.1　Merkle Tree

1. Hash

Hash 是一個把任意長度的資料映射成固定長度資料的函數。例如，對於資料完整性校驗，最簡單的方法是對整個資料做 Hash 運算，得到固定長度的 Hash 值，然後把得到的 Hash 值公布在網路上，這樣使用者下載到資料之後，對資料再次進行 Hash 運算，將運算結果與網路上公布的 Hash 值進行比較，如果兩個 Hash 值相等，說明下載的資料沒有損壞。可以這樣做是因為輸入資料的任何改變都會引起 Hash 運算結果的變化，而且根據 Hash 值反推原始輸入資料是非常困難的。如果從穩定的伺服器進行資料下載，採用單一 Hash 進行驗證是可取的。但現實中資料的下載會發生各種意外，如連結中斷。一旦資料損壞，就需要重新下載，這種下載方式的效率低下。

2. Hash List

在點對點網路中做資料傳輸時，會同時從多個機器上下載資料，而且可以認為很多機器是不穩定或者不可信的。為了校驗資料的完整性，更好的辦法是把大的檔案分割成小的資料塊（例如，分割成 2KB 為單位的資料塊）。這樣的好處是，如果小塊資料在傳輸過程中損壞了，那麼只要重新下載這一塊資料即可，不需要重新下載整個檔案。那麼，如何確定資料塊的完整性呢？只需要為每個資料塊計算 Hash 值。BT 下載時，在下載到真正資料之前，我們會先下載一個 Hash 列表。那麼問題又來了，怎麼確定這個 Hash 列表本身是正確的呢？答案是把每個小塊資料的 Hash 值拼到一起，然後對這個長字串再做一次 Hash 運算，這樣就得到 Hash 列表的根 Hash（Top Hash 或 Root Hash）。下載資料的時候，首先從可信的資料源得到正確的根 Hash，就可以用它來校驗 Hash 列表了，然後即可透過校驗後的 Hash 列表校驗資料塊的完整性。

3. Merkle Tree

Merkle Tree 可以看作 Hash List 的泛化（Hash List 可以看作一種特殊的 Merkle Tree，即樹高為 2 的多叉 Merkle Tree）。

在最底層，和 Hash 列表一樣，把資料分成小的資料塊，有相應的 Hash 與它對應。但是往上走，並不是直接去運算根 Hash，而是把相鄰的兩個 Hash 合併成一個字串，然後運算這個字串的 Hash。這樣每兩個 Hash 就「結婚生子」，得到了一個 "子 Hash"。如果最底層的 Hash 總數是單數，那到最後必然出現一個「單身 Hash」，這種情況就直接對它進行 Hash 運算，所以也能得到它的「子 Hash」。於是往上推，依然是一樣的方式，可以得到數目更少的新一級 Hash，最終形成一棵倒掛的樹，樹根位置就是樹的根 Hash，我們把它稱為 Merkle Root。

在 P2P 網路下載之前，先從可信的來源獲得檔案的 Merkle Tree 樹根。一旦獲得了樹根，就可以從其他從不可信的源獲取 Merkle Tree。透過可信的樹根來檢查接收到的 Merkle Tree。如果 Merkle Tree 是損壞的或者是虛假的，就從其他源獲得另一個 Merkle Tree，直到獲得一個與可信樹根匹配的 Merkle Tree。

4. Merkle Tree 的特點

Merkle Tree 是一種樹，大多數是二叉樹，也可以是多叉樹。無論是幾叉樹，它都具有樹結構的所有特點。

1）Merkle Tree 葉子節點的 value 是資料集合的單中繼資料或單中繼資料 Hash。

2）非葉子節點的 value 是根據它下面所有的葉子節點值，按照雜湊演算法計算而得出的。

通常，使用雜湊演算法（例如：SHA-2 和 MD5）來生成資料的 Hash 值。但如果目的僅僅是防止資料不被蓄意的損壞或篡改，可以使用安全性低但效率高的校驗演算法，如 CRC。

Merkle Tree 和 Hash List 的主要區別是，可以直接下載並立即驗證 Merkle Tree 的一個分支。因為可以將檔案切分成小的資料塊，這樣如果有一塊資料損壞，僅僅重新下載這個資料塊就行了。如果檔案非常大，那麼 Merkle Tree 和 Hash List 都很大，但是 Merkle Tree 可以一次下載一個分支，然後立即驗證這個分支，如果分支驗證通過，就可以下載資料了；而 Hash List 只有下載整個 Hash List 才能驗證。

5. Merkle Tree 的應用

❏ 數位簽章：最初 Merkle Tree 的目的是高效處理 Lamport 單次簽名。每一個 Lamport 密鑰只能被用來簽名一個訊息，但是與 Merkle Tree 結合起來可以簽名多個訊息。這種方法成為一種高效的數位簽章框架，即 Merkle 簽名方法。

❏ P2P 網路：在 P2P 網路中，Merkle Tree 用來確保從其他節點接收的資料塊沒有損壞且沒有被取代，甚至檢查其他節點不會欺騙或者發布虛假的塊。在 2.2 節中，我們提到了 BitTorrent 使用 P2P 技術來讓用戶端之間進行資料傳輸，一來可以加快資料下載速度，二來減輕下載伺服器的負擔。一個相關的問題是大資料塊的使用，因為為了保持 torrent 檔案非常小，那麼資料塊 Hash 的數量也得很小，這就意味著每個資料塊相對較大。大資料塊影響節點之間進行交易的效率，因為只有當大資料塊全部下載下來並透過校驗後，才能與其他節點進行交易。為解決上面兩個問題：用一個簡單的 Merkle Tree 代替 Hash List。設計一個層數足夠多的滿二叉樹，葉節點是資料塊的 Hash，不足的葉節點用 0 來代替。上層的節點是其對應孩子節點串聯的 Hash。Hash 演算法和普通 torrent 一樣採用 SHA-1。

❏ 比特幣：Merkle Proof 最早的應用是 Bitcoin（比特幣），它是由中本聰在 2009 年描述並建立的。Bitcoin 的 Blockchain 利用 Merkle proofs 來儲存每個區塊的交易。而這樣做的好處也就是中本聰描述到的「簡化支付驗證」（Simplified Payment Verification, SPV）的概念：一個「輕用戶端」（light client）可以僅下載鏈的區塊頭，即每個區塊中的 80 位元組的資料塊，僅包含 5 個元素，而不是下載每一筆交易以及每一個區塊。5 個元素為上一區塊頭的 Hash 值、時間戳、挖礦難度值、工作量證明隨機數（nonce）以及包含該區塊交易的 Merkle Tree 的根 Hash。

如果用戶端想要確認一個交易的狀態，它只需要發起一個 Merkle Proof 請求，這個請求顯示出這個特定的交易在 Merkle Tree 的一個葉子節點之中，而且這個 Merkle Tree 的樹根在主鏈的一個區塊頭中。但是 Bitcoin 的輕用戶端有它的局限。一個局限是，儘管它可以證明包含的交易，但是它不能進行涉及目前狀態的證明（如數位資產的持有、名稱註冊、金融合約的狀態等）。Bitcoin 如何查詢你目前有多少幣？一個比特幣輕用戶端可以使用一種協定，它涉及查詢多個節點，並相信其中至少會有一個節點會通知你關於你的位址中任何特定的交易支出，而這可以讓你實現更多的應用。但對於其他更為複雜的應用而言，這些是遠遠不夠的。影響一筆交易的確切性質（precise nature），取決於此前的幾筆交易，而這些交易本身則依賴於更為前面的交易，所以最終你可以驗證整個鏈上的每一筆交易。

2.5.2 Merkle DAG

Merkle DAG 的全稱是 Merkle Directed Acyclic Graph（默克有向無環圖）。它是在 Merkle Tree 的基礎上構建的，Merkle Tree 由美國電腦學家 Merkle 於 1979 年申請了專利。Merkle DAG 跟 Merkle tree 很相似，但不完全一樣，比如 Merkle DAG 不需要進行樹的平衡操作、非葉子節點允許包含資料等。

Merkle DAG 是 IPFS 的核心概念。Merkle DAG 也是 Git、Bitcoin 和 dat 等技術的核心。散列樹由內容塊組成，每個內容塊由其加密散列標識。你可以使用其散列引用這些塊中的任何一個，這允許你構建使用這些子塊的散列引用其「子塊」的塊樹。ipfs add 指令將從你指定的檔案的資料中建立 Merkle DAG。執行此操作時，它遵循 unixfs 資料格式。這意味著你的檔案被分解成塊，然後使用「連結節點」以樹狀結構排列，以將它們連線在一起。給定檔案的「散列」實際上是 DAG 中根節點（最上層）的散列。

1. Merkle DAG 的功能

Merkle DAG 在功能上與 Merkle Tree 有很大不同，上面我們提到 Merkle Tree 主要是為了驗證，例如驗證數位簽章，以及比特幣 Merkle Proof。而對於 Merkle DAG，它的目的有以下三個：

❑ 內容定址：使用多重 Hash 來唯一識別一個資料塊的內容。

❑ 防止篡改：可以方便地檢查 Hash 值來確認資料是否被篡改。

❑ 去掉重複：由於內容相同的資料塊 Hash 值是相同的，很容易去掉重複的資料，節省儲存空間。

其中第三點是 IPFS 系統最為重要的一個特性，在 IPFS 系統中，每個 Blob 的大小限制在 256KB（暫定為 256KB，這個值可以根據實際的效能需求進行修改）以內，那些相同的資料就能透過 Merkle DAG 過濾掉，只需增加一個檔案引用，而不需要占據儲存空間。

2. 資料物件格式

在 IPFS 中定義了 Merkle DAG 的物件格式。IPFS Object 是儲存結構，我們前面提到 IPFS 會限制每個資料大小在 256KB 以內。在 IPFS Object 物件裡，我們儲存有兩個部分，一個是 Link，用於儲存其他的分塊資料的引用；另一個是 data，為本物件內容。Link 主要包括三個部分，分別是 Link 的名字、Hash 和 Size，如以下程式碼所示。在這裡 Link 只是對一個 IPFS Object 的引用，它不再重複儲存一個 IPFS 物件了。

```
type IPFSObject struct {
    links []IPFSLink       // link 陣列
    data []byte            // 資料內容
}

type IPFSLink struct {
    Name string            // link 的名字
    Hash Multihash         // 資料的加密雜湊值
    Size int               // 資料大小
}
```

使用 Git 和 Merkle DAG 的集合會極大減少儲存空間消耗。這是因為，對來源檔案的修改如果使用 Merkle DAG 來儲存，那麼修改的內容可能只是很少的一部分。我們不再需要將整個修改後的檔案再做一次備份了。這也就是 IPFS 節省儲存空間的原因。

2.6　本章小結

本章詳細討論了 IPFS 的幾個基礎性系統和資料結構，包括 DHT、BitTorrent、Git 和 SFS，以及 Merkle 結構。DHT 是本章的重點和難點，我們學習了三種著名的 DHT 設計，分別是 Kademlia、Coral DSHT 和 S/K Kademlia。讀者重點關注三者各自的側重點和實現的區別。DHT 是分散式儲存的基本方式，Kademlia 使得其完全去中心化，Coral 提升了 DHT 的效率，而 S/K Kademlia 則大大提升了系統的安全性。

BitTorrent 協定應當重點關注其區塊交換協定的最佳化和經濟學策略，對於不合作的節點，透過信用機制做出相應的懲罰，例如流量限制或者網路阻塞；在 Filecoin 的設計中，系統會沒收它們的擔保品。在 Git 版本控制系統中，只儲存每個版本與原始版本的差異，而不做全部的複製。IPFS 也是基於此原理，與現有檔案系統相比，儲存方式更節省空間。自驗證檔案系統的核心思想是在檔案路徑中隱含驗證身份的密鑰，IPFS 系統也利用了這個方式，確保所有檔案在同一命名空間下，同時不犧牲安全性。最後我們學習了 Merkle 資料結構，讀者應特別關注 Merkle Tree 和 Merkle DAG 的區別和用途。

第 3 章
IPFS 協定堆疊

和 HTTP 類似，IPFS 是基於 TCP/IP 的應用層協定，同時作為一個分散式的檔案系統，IPFS 提供了一個支援部署和寫入的平台，能夠支援大檔案的分發和版本管理。IPFS 協定堆疊由七層負責不同功能的子協定構成，如圖 3-1 所示。

圖 3-1 IPFS 協定堆疊

- ❑ 身份層：管理節點身份生成和驗證。

- ❑ 網路層：管理與其他節點的連線，使用多種底層網路協定。

- ❑ 路由層：以分散式雜湊表（DHT）維護路由訊息以定位特定的對等節點和物件。響應本機和遠端節點發出的查詢請求。

- ❑ 交換層：一種支援有效區塊分配的新型區塊交換協定（BitSwap），模擬可信市場，弱化資料複製，防作弊。

- ❑ 物件層：具有基於 Merkle DAG 所構建的物件層，具有內容定址、防冗餘特性。

- ❑ 檔案層：類似 Git 的版本化檔案系統，支援 blob、commit、list、tree 等結構體。

- ❑ 命名層：具有自驗特性的可變名稱系統。

我們將在下面的小節中分別介紹每個子協定的構成。

3.1　身份層（Identity）

在 IPFS 網路中，所有的節點都透過唯一的 NodeId 進行標識，與 Bitcoin 的位址類似，NodeId 是一個公鑰的雜湊，為了增加攻擊者的成本，IPFS 使用 S/Kademlia 中的演算法增加建立新身份的成本。原始碼定義如下：

```
difficulty = <integer parameter>
n = Node{}
do {
    n.PubKey, n.PrivKey = PKI.genKeyPair()
    n.NodeId = hash(n.PubKey)
    p = count_preceding_zero_bits(hash(n.NodeId))
} while (p < difficulty)
```

每一個節點在 IPFS 程式碼中都由 Node 結構體來表示，其中只包含 NodeId 及一組公私鑰對。

```
type NodeId Multihash
type Multihash []byte    // 自描述加密雜湊摘要
type PublicKey []byte
type PrivateKey []byte // 自描述的私鑰
type Node struct {
    NodeId NodeID
    PubKey PublicKey
    PriKey PrivateKey
}
```

身份系統的主要功能是標識 IPFS 網路中的節點。類似「使用者」訊息的生成。在節點首次建立連線時，節點之間首先交換公鑰，並且進行身份訊息驗證，比如：檢查 hash(other.PublicKey) 的值是否等於 other.NodeId 的值。如果校驗結果不通過，則使用者資料不相符，節點立即終止連線。

IPFS 使用的雜湊演算法比較靈活，允許使用者根據使用自訂。預設以 Multihash 格式儲存，原始碼定義如下所示：

```
<function code><digest length><digest bytes>
```

該方式有兩個優勢：

❑ 根據需求選擇最佳演算法。例如，更強的安全性或者更快的效能。

❑ 隨著功能的變化而演變，自訂值可以相容不同場景下的參數選擇。

3.2　網路層（Network）

IPFS 節點與網路中其他成千上萬個節點進行連線通訊時，可以相容多種底層傳輸協定。接下來我們詳細介紹 IPFS 網路堆疊的特點。

❑ 傳輸：IPFS 相容現有的主流傳輸協定，其中有最適合瀏覽器端使用的 WebRTC DataChannels，也有低延時 uTP(LEDBAT) 等傳輸協定。

❑ 可靠性：使用 uTP 和 sctp 來保障，這兩種協定可以動態調整網路狀態。

❑ 可連線性：使用 ICE 等 NAT 穿越技術來實現廣域網的可連線性。

❑ 完整性：使用雜湊校驗檢查資料完整性，IPFS 網路中所有資料塊都具有唯一
的雜湊值。

❑ 可驗證性：使用資料發送者的公鑰及 HMAC 訊息認證碼來檢查訊息的真
實性。

IPFS 幾乎可以使用任意網路進行節點之間的通訊，沒有完全依賴於 IP 協定。
IPFS 透過 multiaddr 的格式來表示目標位址和其使用的協定，以此來相容和擴
展未來可能出現的其他網路協定。

```
# an SCTP/IPv4 connection
/ip4/10.20.30.40/sctp/1234/
# an SCTP/IPv4 connection proxied over TCP/IPv4
/ip4/5.6.7.8/tcp/5678/ip4/1.2.3.4/sctp/1234/
```

IPFS 的網路通訊模式是遵循覆蓋網路（Overlay Network）的理念設計的。覆蓋
網路的模型如圖 3-2 所示，是一種網路架構上疊加的虛擬化技術模式，它建立
在已有網路上的虛擬網路，由邏輯節點和邏輯鏈路構成。圖中多個容器在跨主
機通訊時，使用 Overlay Network 網路模式。首先虛擬出類似服務匣道的 IP 位
址，例如 10.0.9.3，然後把封包轉發到 Host（主機）物理伺服器位址，最終透
過路由和交換到達另一個 Host 伺服器的 IP 位址。

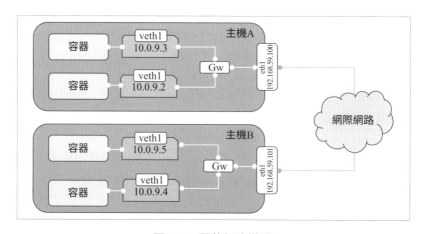

圖 3-2　覆蓋網路模型

3.3　路由層（Routing）

IPFS 節點需要一個路由系統，這個路由系統可用於尋找同伴節點的網路位址；專門用於服務特定物件的對等節點。

IPFS 路由層資料結構使用基於 S/Kademlia 和 Coral 技術的分散式鬆散雜湊表（DSHT），在第 2 章中具體介紹過。在設定資料物件大小和使用模式方面，IPFS 參考了 Coral 和 Mainline 設計思想，因此，IPFS 的 DHT 結構會根據所儲存資料的大小進行區分：小的值（等於或小於 1KB）直接儲存在 DHT 上；更大的值，DHT 只儲存值索引，這個索引就是一個節點的 NodeId，該節點可以提供對該類型值的具體服務。DSHT 的介面位於 libP2P 模組中，如下：

```go
type IpfsRouting interface {
    ContentRouting // 內容路由
    PeerRouting    // 節點路由：獲取特定 NodeId 的網路位址
    ValueStore     // 資料操作：對 DHT 中的中繼資料進行操作

    Bootstrap(context.Context) error
}

type ContentRouting interface {
    Provide(context.Context, *cid.Cid, bool) error // 聲明這個節點可一個提供
                                                    //        一個大的資料
    FindProvidersAsync(context.Context, *cid.Cid, int) <-chan pstore.PeerInfo
}

type PeerRouting interface {
    FindPeer(context.Context, peer.ID) (pstore.PeerInfo, error)
}

type ValueStore interface {
    PutValue(context.Context, string, []byte) error
    GetValue(context.Context, string) ([]byte, error)
    GetValues(c context.Context, k string, count int) ([]RecvdVal, error)
}
```

從上述程式碼中可以看到，IPFS 的路由實現了三種基本功能：內容路由、節點路由及資料儲存。這種實現方式降低了系統的耦合度，開發者可以根據自身業務需求自訂路由，同時不影響其他功能。

3.4　交換層（Exchange）

IPFS 中的 BitSwap 協定是協定實驗室的一項創新設計，其主要功能是利用信用機制在節點之間進行資料交換。受到 BitTorrent 技術的啟發，每個節點在下載的同時不斷向其他節點上傳已下載的資料。和 BitTorrent 協定不同的是，BitSwap 不局限於一個種子檔案中的資料塊。

BitSwap 協定中存在一個資料交換市場，這個市場包括各個節點想要獲取的所有區塊資料，這些區塊資料可能來自檔案系統中完全不相關的檔案，同時這個市場是由 IPFS 網路中所有節點組成的。這樣的資料市場需要創造加密數位貨幣來實現可信價值交換，這也為協定實驗室後來啟動 Filecoin 這樣的區塊鏈專案埋下伏筆。關於 Filecoin，將在第 5 章做具體介紹。

3.4.1　BitSwap 協定

在 IPFS 中，資料的分發和交換使用 BitSwap 協定。BitSwap 協定主要負責兩件事情：向其他節點請求需要的資料塊列表（want_list），以及為其他節點提供已有的資料塊列表（have_list）。原始碼結構如下所示：

```
type BitSwap struct {
    ledgers map[NodeId]Ledger  // 節點帳單
    active map[NodeId]Peer      // 目前已連線的對等方
    need_list []Multihash       // 此節點需要的區塊資料校驗列表
    have_list []Multihash       // 此節點已收到的區塊資料校驗列表
}
```

當我們需要向其他節點請求資料塊或者為其他節點提供資料塊時，都會發送 BitSwap message 訊息，其中主要包含了兩部分內容：想要的資料塊列表（want_ list）及對應資料塊。訊息使用 Protobuf 進行編碼。原始碼如下：

```
message Message {
message Wantlist {
message Entry {
        optional string block = 1;
        optional int32 priority = 2; // 設定優先度，預設為 1
        optional bool cancel = 3;    // 是否會復原條目
    }

    repeated Entry entries = 1;
    optional bool full = 2;
}

    optional Wantlist wantlist = 1;
    repeated bytes blocks = 2;
}
```

在 BitSwap 系統中，有兩個非常重要的模組—需求管理器（Want-Manager）和決策引擎（Decision-Engine）：前者會在節點請求資料塊時在本機返回相應的結果或者發出合適的請求；而後者決定如何為其他節點分配資源，當節點接收到包含 want_list 的訊息時，訊息會被轉發至決策引擎，引擎會根據該節點的 BitSwap 帳單（將在 3.4.4 節介紹）決定如何處理請求。處理流程如圖 3-3 所示。

透過圖 3-3 的協定流程，我們可以看到一次 BitSwap 資料交換的全過程及節點的生命週期。在這個生命週期中，節點一般要經歷四個狀態。

❑ 狀態開放（Open）：對等節點間開放待發送 BitSwap 帳單狀態，直到建立連線。

❑ 資料發送（Sending）：節點間發送 want_list 和資料塊。

❑ 連線關閉（Close）：節點發送完資料後斷開連線。

❑ 節點忽略（Ignored）：節點因為超時、自訂、信用分過低等因素被忽略。

結合對等節點的原始碼結構，詳細介紹 IPFS 節點是如何找到彼此的。

```
type Peer struct {
    nodeid NodeId
    ledger Ledger // 對等節點之間的分類帳單
    last_seen Timestamp // 最後收到訊息的時間戳
    want_list []Multihash // 需要的所有區塊校驗
}
// 協定介面:
interface Peer {
    open (nodeid : NodeId, ledger : Ledger);
    send_want_list (want_list : WantList);
    send_block(block: Block) -> (complete:Bool);
    close(final: Bool);
}
```

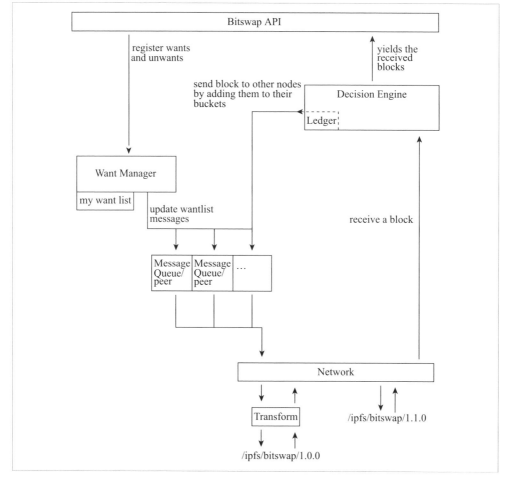

圖 3-3　BitSwap 協定流程

1. Peer.open(NodeId, Ledger)

當節點建立連線時，發送方節點初始化 BitSwap 信用帳單，儲存一份對等方的帳單或者建立一個新的被清零的信用帳單，這取決於節點信用帳單一致性。之後，發送方節點將發送一個攜帶帳單的 open 訊息通知接收方節點，接收方節點接收到一個 open 訊息之後，選擇是否接受此連線。

如果接收方根據本機的信用帳單資料，發現發送方是一個不可信的節點，例如傳輸超時、信用分較低、債務率較高等，則接收方會透過 ignore_cooldown 忽略這個請求，並且斷開連線，目的是防範作弊行為。

如果連線成功，接收方將用本機信用帳單來初始化一個 Peer 物件，並更新 last_seen 時間戳。然後，它會將接收到的帳單與自己的帳單進行比較。如果兩個信用帳單完全一樣，那麼這個連線就被開放；如果帳單不完全一致，那麼此節點會建立一個新的被清零的信用帳單，並發送同步此信用帳單，以此確保發送方節點和接收方節點的帳單一致。

2. Peer.send_want_list(WantList)

當連線已經處於開放狀態時，發送方節點將會把 want_list 廣播給所有連線的接收方節點。與此同時，接收方節點在收到一個 want_list 後，會檢查自身是否有接收方想要的資料塊。如果有，會使用 BitSwap 策略（將在 3.4.3 節介紹）來發送傳輸這些資料塊。

3. Peer.send_block(Block)

發送區塊的方法邏輯很簡單，預設發送方節點只傳輸資料塊，接收到所有資料後，接收方節點計算 Multihash 以驗證它是否與預期的匹配，然後返回確認。在完成區塊的傳輸後，接收方節點將資料塊訊息從 need_list 移到 have_list，並且接收方和發送方都同步更新他們的帳單列表。如果傳輸驗證失敗，則發送方可能發生故障或存在故意攻擊接收方的行為，接收方可以拒絕進一步的交易。

4. Peer.close(Bool)

對等連線應該在兩種情況下關閉：

❏ silent_wait 已超時，但未收到來自對方的任何訊息（預設 BitSwap 使用 30 秒），節點發出 Peer.close（false）。

❏ 節點正在退出，BitSwap 正在關閉，在這種情況下，節點發出 Peer.close（true）。

對於 P2P 網路，有一個很重要的問題：如何激勵大家分享自己的資料？用過迅雷、BitTorrent、emule 等 P2P 軟體的讀者應該都知道，如果只下載不上傳的話，你的節點很快就無法下載資料或者下載資料速度變得很慢。每一個 P2P 軟體都有自己專屬的資料分享策略，IPFS 也不例外，其 BitSwap 的策略體系由信用、策略、帳單三部分組成，接下來依次介紹這三部分內容。

3.4.2　BitSwap 信用體系

BitSwap 協定能夠激勵節點去分享資料，即使這個節點暫時沒有資料需求。IPFS 根據節點之間的資料收發建立了一個信用體系：有借有還，再借不難。

❏ 給其他節點發送資料可以增加信用值。

❏ 從其他節點接收資料將降低信用值。

如果一個節點只接收資料而不分享資料，信用值就會降得很低而被其他節點忽略掉。簡單來說，其實就是你樂於分享資料，其他節點也樂於發送資料給你；如果你不願意分享，那麼其他節點也不願意給你資料。

3.4.3 BitSwap 策略

根據上面的信用體系，BitSwap 可以採取不同的策略來實現，每一種策略都會對系統的整體效能產生不同的影響。策略的目標是：

❑ 節點資料交換的整體效能和效率力求最高。

❑ 阻止空載節點「霸王餐」現象，即不能夠只下載資料不上傳資料。

❑ 可以有效地防止一些攻擊行為。

❑ 對信任節點建立寬鬆機制。

IPFS 在白皮書中提供了一個可參考的策略機制（實際的實現可能有所變化）。每個節點根據和其他節點的收發資料，計算信用分和負債率（debt ratio,r）：

$$r = \text{bytes\_sent} / \text{bytes\_recv} + 1$$

這個是負債率的計算公式，比如說 A 和 B 兩個節點，現在 A 在往 B 發送資料，如果 A 往 B 發得越多，那對 A 來講，B 的負債率 r 就會很高。率就會很高。

下面這個公式是發送率的計算公式，節點根據負債率計算出來和這個節點的資料發送率（P）：

$$P(\text{send} \mid r) = 1 - (1/ (1 + \exp(6 - 3r)))$$

可以看到，如果 r 大於 2 時，發送率 $P(\text{send} \mid r)$ 會變得很小，進而 A 就不會繼續給 B 發送資料。如果 B 只收不發，權重就會迅速降低，就不會有人給他發送資料包了。這麼做的好處是使網路更高效，大家都有收有發，不斷做資料交換，達到一個比較健康的狀態。

3.4.4　BitSwap 帳單

BitSwap 節點會記錄下來和其他節點通訊的帳單（資料收發記錄）。帳單資料結構如下：

```
type Ledger struct {
    owner NodeId
    partner NodeId
    bytes_sent int
    bytes_recv int
    timestamp Timestamp
}
```

這可以讓節點追蹤歷史記錄以及避免被篡改。當兩個節點之間建立連線時，BitSwap 會相互交換帳單訊息，如果帳單不相符，則直接清除並重新記帳。惡意節點會「有意失去」這些帳單，進而期望清除自己的債務。其他互動節點會把這些都記下來，如果總是發生，伙伴節點可以自由地將其視為不當行為，拒絕交易。

3.5　物件層（Object）

基於分散式雜湊表 DHT 和 BitSwap 技術，IPFS 目標是構造一個龐大的點對點系統，用於快速、穩定的儲存和分發資料塊。除此之外，IPFS 還使用 Merkle DAG 技術構建了一個有向無環圖資料結構，用來儲存物件資料。這也是著名的版本管理軟體 Git 所使用的資料結構。Merkle DAG 為 IPFS 提供了很多有用的屬性，包括：

❑ 內容可定址：所有內容由多重雜湊校驗並唯一標識。

❑ 防止篡改：所有內容都透過雜湊驗證，如果資料被篡改或損壞，在 IPFS 網路中將會被檢測到。

❑ 重複資料刪除：儲存完全相同內容的所有物件都是相同的，並且只儲存一次。這對於索引物件特別有用。

Merkle DAG 的物件結構定義如下所示：

```
type IPFSLink struct {
        Name string      // 此 link 的別名
        Hash Multihash   // 目標的加密 Hash
        Size int         // 目標總大小
    }

type IPFSObject struct {
        links []IPFSLink   // links 陣列
        data []byte        // 不透明內容資料
}
```

1. 路徑

可以使用 API 遍歷 IPFS 物件，路徑與傳統 UNIX 檔案系統中的路徑一樣。
Merkle DAG 連結使遍歷變得簡單，完整路徑如下所示：

```
# format
/ipfs/<hash-of-object>/<name-path-to-object>
# example
/ipfs/XLYkgq61DYaQ8NhkcqyU7rLcnSa7dSHQ16x/foo.txt
```

也支援多雜湊指紋的多級路徑訪問：

```
/ipfs/<hash-of-foo>/bar/baz
/ipfs/<hash-of-bar>/baz
/ipfs/<hash-of-baz>
```

2. 本機物件

IPFS 用戶端需要一個本機儲存器，一個外部系統可以為 IPFS 管理的物件儲存
及檢索本機原始資料。儲存器的類型根據節點使用案例而異。在大多數情況
下，這個儲存器只是硬碟空間的一部分（不是被本機的 leveldb 來管理，就是
直接被 IPFS 用戶端管理），在其他情況下，例如非持久性快取，儲存器就是
RAM 的一部分。

3. 物件鎖定

希望對某個物件資料進行長期儲存的節點可以執行鎖定操作，以此確保此特定
物件被儲存在了該節點的本機儲存器上，同時也可以遞迴地鎖定所有相關的衍
生物件，這對長期儲存完整的物件檔案特別有用。

4. 發布物件

IPFS 旨在供成千上萬使用者同時使用。DHT 使用內容雜湊定址技術，使發布
物件是公平的、安全的、完全分散式的。任何人都可以發布物件，只需要將物
件的 key 加入 DHT 中，並且物件透過 P2P 傳輸的方式加入進去，然後把訪問
路徑傳給其他的使用者。

5. 物件級別的加密

IPFS 具備可以處理資料物件加密的操作。加密物件結構定義如下：

```
type EncryptedObject struct {
    Object []bytes        // 已加密的原始物件資料
    Tag []bytes           // 可選擇的加密標識
    type SignedObject struct {
    Object []bytes        // 已簽名的原始物件資料
    Signature []bytes     // HMAC 簽名
    PublicKey []multihash // 多重雜湊身份鍵值
}
```

加密操作改變了物件的雜湊值，定義了一個新的不同物件結構。IPFS 自動的驗
證簽名機制、使用者自訂的用於加解密資料的私鑰都為物件資料提供了安全保
證。同時，加密資料的鏈式關係也同樣被保護著，因為沒有密鑰就無法遍歷整
個鏈式物件結構。

3.6 文件層（File）

IPFS 還定義了一組物件，用於在 Merkle DAG 之上對版本化檔案系統進行建模。這個物件模型類似於著名版本控制軟體 Git 的資料結構。

❑ 區塊（block）：一個可變大小的資料塊。

❑ 列表（list）：一個區塊或其他列表的集合。

❑ 樹（tree）：區塊、列表或其他樹的集合。

❑ 提交（commit）：樹版本歷史記錄中的快照。

1. 檔案物件：Blob

Blob 物件包含一個可定址的資料單元，表示一個檔案。當檔案比較小，不足以大到需要分片時，就以 Blob 物件的形式儲存於 IPFS 網路之中，如下所示：

```
{
    "data": "some data here",  // Blobs 無 links
}
```

2. 檔案物件：List

List 物件由多個連線在一起的 Blob 組成，通常儲存的是一個大檔案。從某種意義上說，List 的功能更適用於資料塊互相連線的檔案系統。由於 List 可以包含其他 List，所以可能形成包括連結列表和平衡樹在內的拓撲結構，如下所示：

```
{
    "data": ["blob", "list", "blob"], // 標記物件類型的陣列
    "links": [
    { "hash": "XLYkgq61DYaQ8NhkcqyU7rLcnSa7dSHQ16x",
    "size": 189458 },
    { "hash": "XLHBNmRQ5sJJrdMPuu48pzeyTtRo39tNDR5",
    "size": 19441 },
    { "hash": "XLWVQDqxo9Km9zLyquoC9gAP8CL1gWnHZ7z",
    "size": 5286 }
    ]
}
```

3. 檔案物件：Tree

在 IPFS 中，Tree 物件與 Git 的 Tree 類似：它代表一個目錄，或者一個名字到雜湊值的映射表。雜湊值表示 Blob、List、其他的 Tree 或 Commit，結構如下所示：

```
{
    "data": ["blob", "list", "blob"],// Tree 有一個物件類型的陣列作為資料
    "links": [
        { "hash": "XLYkgq61DYaQ8NhkcqyU7rLcnSa7dSHQ16x",
        "name": "less", "size": 189458 },
        { "hash": "XLHBNmRQ5sJJrdMPuu48pzeyTtRo39tNDR5",
        "name": "script", "size": 19441 },
        { "hash": "XLWVQDqxo9Km9zLyquoC9gAP8CL1gWnHZ7z",
        "name": "template", "size": 5286 }// tree 是有名字的
    ]
}
```

4. 檔案物件：Commit

在 IPFS 中，Commit 物件代表任何物件在版本歷史記錄中的一個快照。它與 Git 的 Commit 類似，但它可以指向任何類型的物件（Git 中只能指向 Tree 或其他 Commit）。

5. 版本控制：Commit

Commit 物件代表一個物件在歷史版本中的一個特定快照。兩個不同的 Commit 之間互相比較物件資料（和子物件資料），可以揭露出兩個不同版本檔案系統的區別。IPFS 可以實現 Git 版本控制工具的所有功能，同時也可以相容並改進 Git。這部分的知識內容將作為實戰專案，在第 8 章中進行詳細介紹。

6. 檔案系統路徑

正如我們在介紹 Merkle DAG 時看到的，IPFS 物件在系統上的檔案路徑位址，可以透過外層介面呼叫輸出。

7. 將檔案分割成 List 和 Blob

版本控制和分發大檔案最主要的挑戰是：找到一個正確的方法來將它們分隔成獨立的區塊。與其認為 IPFS 可以為每個不同類型的檔案提供正確的分隔方法，不如說 IPFS 提供了以下的幾個可選項：

❑ 使用 Rabin Fingerprints 指紋演算法來定義比較合適的塊邊界。

❑ 使用 rsync 和 rolling-checksum 演算法來檢測塊在版本之間的改變。

❑ 允許使用者設定檔案大小而調整資料塊的分割策略。

8. 路徑尋找效能

基於路徑的訪問需要遍歷整個物件圖，檢索每個物件需要在 DHT 中尋找它的 Key 值，連線到節點並檢索對應的資料塊。這是一筆相當大的效能開銷，特別是在尋找的路徑中具有多個子路徑時。IPFS 充分考慮了這一點，並設計了以下的方式來提高效能。

❑ 樹快取（tree cache）：由於所有的物件都是雜湊定址的，它們可以被無限地快取。另外，Tree 一般比較小，所以比起 Blob，IPFS 會優先快取 Tree。

❑ 扁平樹（flattened tree）：對於任何給定的 Tree，一個特殊的扁平樹可以構建一個鍊表，所有物件都可以從這個 Tree 中訪問得到。在扁平樹中，name 就是一個從原始 Tree 分離的路徑，用斜線分隔。

如圖 3-4 所示物件關係範例圖中的 ttt111 的扁平樹結構如下：

```
{
    "data":["tree", "blob", "tree", "list", "blob" "blob"],
    "links": [
        { "hash": "<ttt222-hash>", "size": 1234
        "name": "ttt222-name" },
        { "hash": "<bbb111-hash>", "size": 123,
        "name": "ttt222-name/bbb111-name" },
        { "hash": "<ttt333-hash>", "size": 3456,
```

```
                "name": "ttt333-name" },
              { "hash": "<lll111-hash>", "size": 587,
                "name": "ttt333-name/lll111-name"},
              { "hash": "<bbb222-hash>", "size": 22,
                "name": "ttt333-name/lll111-name/bbb222-name" },
              { "hash": "<bbb222-hash>", "size": 22
                "name": "bbb222-name" }
            ]
        }
```

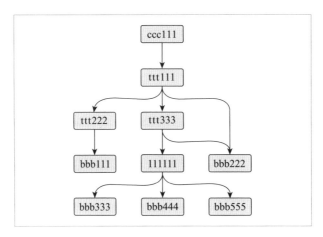

圖 3-4　物件關係圖範例

3.7　命名層（Naming）

3.7.1　IPNS：命名以及易變狀態

IPFS 形成了一個內容可定址的 DAG 物件，我們可以在 IPFS 網路中發布不可更改的資料，甚至可以跟蹤這些物件的版本歷史記錄。但是，存在一個很嚴重的問題：當資料物件的內容更新後，同時發生改變的還有內容位址的名稱。我們需要一種能在易變環境中保持固定名稱的方案，為此，協定實驗室團隊為 IPFS 設計了 IPNS 星際檔案命名系統模組。

3.7.2 自驗證命名

使用自驗證的命名方案給了我們一種在加密環境下、在全域命名空間中，構建可自行認證名稱的方式。模式如下：

❏ 透過 NodeId = hash(node.PubKey)，生成 IPFS 節點訊息。

❏ 給每個使用者分配一個可變的命名空間，由之前生成的節點 ID 訊息作為位址名稱，在此路徑下：/ipns/。

❏ 一個使用者可以在此路徑下發布一個用自己私鑰簽名的物件，比如：/ipns/XLF2ipQ4jD3UdeX5xp1KBgeHRhemUtaA8Vm/。

❏ 當其他使用者獲取物件時，他們可以檢測簽名是否與公鑰和節點訊息相符，進而驗證使用者發布物件的真實性，達到了可變狀態的獲取。

值得注意的是，這塊的動態可變內容是透過設定路由函數來控制的，透過這段原始碼我們也能了解到為什麼命名空間是以綁定 NodeId 的形式來掛載的了。

```
routing.setValue(NodeId, <ns-object-hash>)
```

在指令空間中，所發布的資料物件路徑名稱可以作為子名稱。

```
/ipns/XLF2ipQ4jD3UdeX5xp1KBgeHRhemUtaA8Vm/
/ipns/XLF2ipQ4jD3UdeX5xp1KBgeHRhemUtaA8Vm/docs
/ipns/XLF2ipQ4jD3UdeX5xp1KBgeHRhemUtaA8Vm/docs/ipfs
```

3.7.3 人類友好名稱

雖然 IPNS 是重新命名位址的良好方式，但是對使用者來說，卻不是十分友好和利於記憶的，因為它使用很長的雜湊值作為名稱，這樣的名稱很難被記住。因此，IPFS 使用下面的技術來增加 IPNS 的使用者友好度。

1. 對等節點連結

遵循自驗證檔案系統（SFS）的設計理念，使用者可以將其他使用者節點的物件直接連結到自己的命名空間下。這也有利於建立一個更可信的網路。

```
# Alice 連結到 Bob 上
ipfs link /<alice-pk-hash>/friends/bob /<bob-pk-hash>
# Eve 連結到 Alice 上
ipfs link /<eve-pk-hash/friends/alice /<alice-pk-hash>
# Eve 也可以訪問 Bob
/<eve-pk-hash/friends/alice/friends/bob
# 訪問 Verisign 認證域
/<verisign-pk-hash>/foo.com
```

2. DNS TXT IPNS 記錄

我們也可以在現有的 DNS 系統中添加 TXT 記錄，這樣就能透過域名訪問 IPFS 網路中的檔案物件了。

```
# DNS TXT 記錄
ipfs.benet.ai. TXT "ipfs=XLF2ipQ4jD3U ..."
# 表現為符號連結
ln -s /ipns/XLF2ipQ4jD3U /ipns/fs.benet.ai
```

IPFS 也支援可讀標識符 PrOquint，可以將二進位制編碼翻譯成可讀檔案的方法，如下：

```
# proquint 語句
/ipns/dahih-dolij-sozuk-vosah-luvar-fuluh
# 分解為相應的形式
/ipns/KhAwNprxYVxKqpDZ
```

除此之外，IPFS 還提供短位址的命名服務，類似我們現在看到的 DNS 和 WebURL 連結。

```
# 使用者可以從下面獲取一個 link
/ipns/shorten.er/foobar
# 然後放到自己的命名空間
/ipns/XLF2ipQ4jD3UdeX5xp1KBgeHRhemUtaA8Vm
```

3.8 本章小結

本章主要深度剖析了 IPFS 的底層技術原理，對每一層子協定進行了更細粒度的模組解讀。透過本章，我們可以清楚地理解 IPFS 的底層構成。IPFS 本身是去中心化網路基礎設施的一個大膽嘗試，它的底層整合了一套可實現去中心化的、最先進的技術堆疊，很多不同類型的去中心化應用和網站都可以圍繞 IPFS 的底層技術堆疊來構建。同時，它也可以用來作為一個全域的、掛載性、版本控制檔案系統和命名空間，以及下一代的檔案共享系統。其實，IPFS 的概念是幾十年成功的分散式系統的探索和開源的產物，綜合了很多迄今為止成功系統中的優秀思想，除了以 BitSwap 為代表的創新之外，IPFS 最大的特色就是系統的耦合度及協定堆疊設計的綜合性。

第 4 章

IPFS 模組解析

從本章開始，我們會詳細討論構成 IPFS 的其他組成元件。在 IPFS 的諸多特性裡，很多重要特性都是由三個元件整合而來的，這三個元件分別是 Multiformat（自描述格式協定庫）、libp2p（P2P 網路協定模組庫）和 IPLD（資料結構模型庫），它們被設計為輕耦合的堆疊模型，模組之間互相協同，也能確保一定的獨立性。我們將在本章逐一介紹這幾個模組的特性，讓大家對 IPFS 的組成元件有更加深入的了解。

4.1 Multi-Format

Multi-Format 是 IPFS 內的自描述格式協定元件，它是為了解決各種程式語言或資料類型難以詳細區分而誕生的，其可以提高資料的可讀性，並且能長期適應今後的開發趨勢。它的方法是在資料上添加自描述的欄位，那麼只需要在欄位上判斷資料的屬性即可。舉個例子，同一個資料使用不同雜湊演算法得到的不同雜湊值，在開發時將它們區分開比較複雜。那麼我們可以在雜湊值的前幾位添加識別代號，透過識別代號就能判斷它是 SHA-1 演算法計算的結果還是

Blake2b-512 演算法計算的結果。表 4-1 列舉了 Multi-Format 目前支援的 5 個協定，將來會有更多協定增加進來。

表 4-1　Multi-Format 支持的協定

Multi-Formats 協定名稱	協 定 內 容
Multi-Hash	自描述雜湊協定
Multi-Base	自描述編碼協定
Multi-Addr	自描述網路位址協定
Multi-Codec	自描述序列化協定
Multi-Stream	自描述編碼解碼器

對於一個自描述協定，Multi-Formats 是怎麼給出定義的呢？我們主要從三個方面考慮。

1）一個自描述檔案或者變數，必須在它的值內描述自己，不能從函數、外帶參數、檔案甚至是隱式訊息中體現。

2）考慮到效率，自描述協定必須保持資料的緊湊性。

3）自描述協定要有可讀性。

在這一節，我們主要為大家介紹各類 Multi-Formats 的形式定義。與其他元件相比，它的實現相對簡單。

4.1.1　Multi-Hash

Multi-Hash 實現了自描述雜湊協定。我們知道，雜湊演算法對於那些大量使用密碼學功能的系統非常重要。隨著技術的進步，新型的攻擊方式可能會令以前的加密方式不再安全，密碼學也一直在往前發展。在早期，我們使用著名的 SHA-1 和 MD5 演算法生成摘要，後來這一演算法被中國科學家王小雲老師攻破，被證明不再安全。目前大量使用的加密演算法，如 SHA-256，可能會由未來新技術（如量子電腦）帶來潛在威脅。為了使加密演算法在量子計算下也是安全的，科學家又發明了 Latice-Space 演算法。

在大型系統中，更改原有的加密方法會帶來非常大的麻煩，甚至成為維護和開發人員的噩夢。維護系統時，一旦涉及加密演算法的更新，就需要考慮諸多因素。例如，有多少元件把 Hash 函數預設為 SHA-1 函數；多少元件預設雜湊值字長是 160 位；有哪些工具錯誤使用了新的加密方法而不報錯。Multi-Hash 可以解決在系統升級過程中處理雜湊演算法的諸多麻煩。

使用了 Multi-Hash 就能簡化上述過程。

❑ Multi-Hash 會提示使用者，一些雜湊值可能不再安全，有被破譯的風險。

❑ 讓更新雜湊演算法變得更簡單，更容易規範化雜湊演算法的類型和雜湊值的長度。

❑ 絕大多數工具不再需要對雜湊做任何檢查。

1. Multi-Hash 格式

Multi-Hash 的格式存有 3 類訊息，分別是類型 type、長度 length 和雜湊值 value。格式命名為模式（type-length-value）。3 類訊息連線在一起的值就是 Multi-Hash。

```
<Multi-Hash> ::= <type- 雜湊類型 >< 長度 >< 雜湊值 >
```

❑ type 是無符號整型數，用於描述雜湊函數類型。具體可以在 Multi-Hash 映射表查詢與函數類型對應的 type。

❑ length 也是一個無符號整型數，用於描述這一摘要的位元組長度。

❑ value 就是雜湊值本身，其長度是 length 個位元組。

我們從下面的例子講解其組成。Multi-Hash 的結構是 type-length-value 三部分。這可以清晰地說明該值的長度及生成演算法。同一資料透過不同的雜湊函數進行編碼，所得結果的長度是不相同的，因此需要添加欄位特別說明。但是 Multi-Hash 只會在原有的雜湊值長度下增加 2 位元組，用於描述它的長度和類型。在下面的例子中我們給出的是同一個輸入資料，用不同的雜湊函數生成 Multi-Hash。下面的兩個樣例都是來自於同一字串 "Hello IPFS!"，分別由 SHA-1 和 SHA2-512 生成雜湊值。

其中，使用 SHA-1 演算法生成的 Multi-Hash 結果一共占用 32 位元組，其中 30 位元組來源於 SHA-1 演算法；而在第二個例子中，雜湊值占用了 64 位元組，雜湊函數類型和長度各占 1 位元組，故它的 Multi-Hash 結果占用 66 位元組。

表 4-2 是 "Hello IPFS!" 在 SHA-1 下生成的 Multi-Hash。

表 4-2　SHA-1 生成 Multi-Hash 範例

事　　項	內　　容
Multi-Hash	111469a5a1f4551b82fdc55b9e41e944f29f1eedb3c2
雜湊函數	SHA-1（十六進位制編號：0X11）
長度	30 位元組（十六進位制編碼：0x14）
雜湊摘要	69a5a1f4551b82fdc55b9e41e944f29f1eedb3c2

表 4-3 是 "Hello IPFS!" 在 SHA2-512 下生成的 Multi-Hash。

表 4-3　SHA2-512 生成 Multi-Hash 範例

事　　項	內　　容
Multi-Hash	1340b27fbc12af704e1a83ea721beb31f3025279e58ee660f12fa7a2e2fa01091846aa4a8fc4d07b889d9c1bf0590252718d3cbaf66cd70b63f16dc114b7830f3d9c
雜湊函數	SHA2-512 （十六進位制編號：0x13）
長度	64（十六進位制編碼：0x40）
雜湊摘要	b27fbc12af704e1a83ea721beb31f3025279e58ee660f12fa7a2e2fa01091846aa4a8fc4d07b889d9c1bf0590252718d3cbaf66cd70b63f16dc114b7830f3d9c

如此，使用 Multi-Hash 編碼的雜湊，可以帶來諸多好處。

1）拿到一個雜湊值，直接透過閱讀這個值的前兩位元組就能判斷出它的加密方式。

2）更新系統的加密演算法，使用 Multi-Hash 封裝可以為以後升級帶來便利。

3）不占用太多額外的空間。

2. Multi-Hash 函數類型表

Multi-Hash 記錄了 100 餘種常見的雜湊類型，這些雜湊演算法名稱和十六進位制編號可以透過表格查詢。如表 4-4 所示，Multi-Hash 預先提供了一個預設表格。當然使用者也可以根據自己的需求，在 Multi-Hash 的設定檔案中修改該表格。

表 4-4　Multi-Hash 函數類型表

雜湊演算法名稱	十六進位制代碼	描　　述
md4	0xd4	
md5	0xd5	
Sha-1	0x11	
Sha2-256	0x12	
Sha2-512	0x13	
dbl-Sha2-256	0x56	
Sha3-224	0x17	
Sha3-256	0x16	
Sha3-384	0x15	
Sha3-512	0x14	
shake-128	0x18	
shake-256	0x19	
keccak-224	0x1A	keccak 輸出長度是可變的

雜湊演算法名稱	十六進位制代碼	描　　　述
keccak-256	0x1B	
keccak-384	0x1C	
keccak-512	0x1D	
blake2b-8	0xb201	blake2b 演算法有 64 種輸出長度
blake2b-16	0xb202	
blake2b-24	0xb203	
blake2b-32	0xb204	

4.1.2　Multi-Base

Multi-Base 是自描述基礎編碼協定，用於儲存資料並描述該資料是如何編碼的。我們知道，目前網路環境中各類編碼方式大多是不可讀的，需要解碼以後才能獲得內容。目前的系統在處理編碼類型時，要權衡網路傳輸或者編碼的可讀性，Multi-Base 可以自由選擇輸入和輸出的編碼類型。因為 Multi-Base 是自描述的，其他程式也能透過該值獲取到其編碼類型，這樣能減少開發的複雜度。

1. Multi-Base 格式

Multi-Base 的格式存有兩類訊息，分別是編碼代號 type 和編碼資料 value。此處不再需要給出長度了，並且只需要 1 位元組來區分各種類型，因為常見的基礎編碼方式並不多。

```
<Multi-Base> ::= <type 編碼類型 >< 編碼內容 >
```

❑ type 是由 8 位編碼的無符號整型陣列成的，用於描述編碼類型。編碼類型映射表格可以在表 4-4 所示的類型表中查詢。

❑ value 是編碼內容。

我們在此提供兩個樣例，以解釋 Multi-Base 的編碼方式。表 4-5 中所示樣例一是由十六進位制大寫字母編碼，查詢表 4-6 我們得到對應表中第 5 行 Base16 的 type 編碼為 F。其 Multi-Base 將 type 與編碼內容連線，即如表 4-5 中第 1 行所示。

樣例二中，為由 rfc4648 編碼的無填充十六進位制字元，查表 4-6 可知其編碼為 B。組合連線後，我們就可以得到其 Multi-Base 編碼，如表 4-5 中第 4 行所示。

表 4-5 Multi-Base 樣例

序號	事項	內　容
例一	Multi-Base	F4D756C7469626173652069732061776573736F6D6521205C6F2F
	編碼類型	十六進位制（Multi-Base 編碼：F）
	編碼內容	4D756C7469626173652069732061776573736F6D6521205C6F2F
例二	Multi-Base	BJV2WY5DJMJQXGZJANFZSAYLXMVZW63LFEEQFY3ZP
	編碼類型	rfc4648 無填充的十六進位制字元（Multi-Base 編碼：B）
	編碼內容	JV2WY5DJMJQXGZJANFZSAYLXMVZW63LFEEQFY3ZP

2. Multi-Base 函數類型表

使用 Multi-Base 編碼後，開發者可以非常便捷地分辨出各類編碼方式，並且能透過呼叫 Multi-Base 在各類編碼方式中轉換。我們在下面給出完整的 Multi-Base 映射檢索表，供讀者參考，如表 4-6 所示。

表 4-6 Multi-Base 表格

名　稱	8-bit 二進位制代碼	描　述
base1	1	一元形式（11111）
base2	0	二進位制（01010101）
base8	7	八進位制
base10	9	十進位制
base16	f	十六進位制
base16upper	F	十六進位制
base32hex	v	rfc4648 無填充字元

名　　稱	8-bit 二進位制代碼	描　　述
base32hexpad	t	rfc4648 有填充字元
base32	b	rfc4648 無填充字元
base32upper	B	rfc4648 無填充字元
base32pad	c	rfc4648 有填充字元
base32z	h	z-base-32
base58flickr	Z	base58 flicker
base58btc	z	base58 bitcoin
base64	m	rfc4648 無填充字元
base64url	u	rfc4648 無填充字元

4.1.3　Multi-Addr

Multi-Addr 與前幾類類似，我們在開發應用程式時，對位址也需要額外的代碼來詳細解釋。例如，我們需要說明一個位址究竟是 IPv4 位址還是 IPv6 位址？是 TCP 協定還是 UDP 協定？而 Multi-Addr 組建就是為了把自描述的訊息添加在位址資料中。Multi-Addr 分為兩個版本，一類為具有可讀性的 UTF-8 編碼的版本，用於向使用者展示；一類是十六進位制版本，方便網路傳輸。

1. Multi-Addr 格式

首先我們了解一下具有可讀性的 UTF-8 版本的 Multi-Addr，如表 4-7 所示。Multi-Addr 的格式也有兩類訊息，分別是位址類型代號 type 和編碼資料 value，每個 Multi-Addr 都由 type/value 形式循環表示，形如：/ 位址類型代號 / 位址 / 位址類型代號 / 位址。

type 和 value 都由字串表示。如表 4-7 所示，其中的連結位址描述的是 IPv4 位址 127.0.0.1，使用 UDP 協定連線，連線埠為 1234。可讀 Multi-Address 使用 UTF-8 編碼，其 Multi-Address 如下。

```
<UTF-8 Multi-Address> ::= /<UTF-8 type- 位址類型 >/<UTF-8 位址 >
```

表 4-7　UTF-8 可讀性 Multi-Addr 樣例

事　項	內　容
可讀 UTF-8 Multi-Addr	/ip4/127.0.0.1/udp/1234
第一級位址類型	IPV4(代號 ip4)
第一級位址	127.0.0.1
第二級位址類型	UDP 協定
第二級位址	1234 埠

Multi-Addr 同樣提供了機讀（機器讀取）版本，用於網路傳輸。與 UTF-8 可讀版本不同的是，機讀版本按照十六進位制編碼，形式也與上述類似。Multi-Addr 的機讀格式也是有兩類訊息，分別是位址類型代號 type 和連結位址。Type 代號可以在 Multi-Codec 表中查詢。

```
< 機讀 Multi-Address> ::= /< 十六進位制 type- 位址類型 >/< 十六進位制位址 >
```

我們同樣針對上面提到的 Multi-Addr 樣例給出其機讀格式，如表 4-8 所示。其 UTF-8 形式：/ip4/127.0.0.1/udp/1234。我們首先在表 4-9 中尋找 ip4 對應的代碼，在第 1 行我們得到 ip4 對應代碼為 04，其位址長度為 32 位。127.0.0.1 這一 IPv4 位址，每一部分分別對應它的十六進位制表示，分別為 7f 00 00 01。第 2 級位址是 UDP 協定，其埠為 1234。我們查詢表 4-9 的第三行，udp 協定對應十進位制 Multi-Addr 代碼為 17，其十六進位制為 0x11；埠號 1234 的十六進位制代碼為 04 d2。由此，我們給出機讀十六進位制表示的 Multi-Addr。

表 4-8　機讀 Multi-Addr 樣例

事　項	內　容
機讀 Multi-Addr	04 7f 00 00 01 11 04 d2
可讀 UTF-8 Multi-Addr	/ip4/127.0.0.1/udp/1234
第 1 級位址類型	IPv4，機讀代號十六進位制 04
第 1 級位址	127.0.0.1 的十六進位制表示，7f 00 00 01
第 2 級位址類型	UDP 協定，機讀十六進位制 11
第 2 級位址	1234 埠，十六進位制表示 04 d2

機讀 Multi-Address 格式與可讀格式可以相互轉換。

2. Multi-Addr 函數類型表

表 4-9 就是上文提到的 Multi-Address 表。這一預設表格已經整合到 Multi-Formats 中，通常無須修改。大多數情況，我們完全可以使用可讀格式。如果涉及傳輸，可以相互轉換。

表 4-9　Multi-Addr 表格

十進位制代碼	長度	名稱	補　　充
4	32	ip4	
6	16	tcp	
17	16	udp	
33	16	dccp	
41	128	ip6	
42	V	ip6zone	rfc4007 IPv6
53	V	dns	保留
54	V	dns4	
55	V	dns6	
56	V	dnsaddr	
132	16	sctp	
301	0	udt	
302	0	utp	
400	V	unix	
421	V	p2p	首選 /ipfs
421	V	ipfs	向下兼容，等價於 P2P
444	96	onion	
460	0	quic	
480	0	http	
443	0	https	
477	0	ws	
478	0	wss	

十進位制代碼	長度	名稱	補　　充
479	0	p2p-websocket-star	
275	0	p2p-webrtc-star	
276	0	p2p-webrtc-direct	
290	0	p2p-circuit	

4.1.4　Multi-Codec

我們前面提到了，針對 Multi-Hash、Multi-Base、Multi-Addr 等各類 Multi-Formats，程式互通的前提就是各程式使用的是同一個內容識別符映射規則。Multi-Codec 就是為了使得資料更加緊湊地自描述的編碼解碼器。其整體思路與前幾個 Multi-Formats 相同。除了定義了 Multi-Hash、Multi-Addr、Multi-Base 等資料類型以外，Multi-Codec 還定義了 JSON 檔案類型、壓縮類型、圖片類型及 IPLD。考慮到今後 IPFS 可能作為多種區塊鏈的儲存方案，Multi-Codec 同樣將目前主流區塊鏈的交易和區塊加入其中。Multi-Codec 定義形式與前面提到的 3 種類似，為 Multi-Codec type+ 編碼資料。

```
<Multi-Codec> ::= /< 十六進位制 type >/< 資料內容 >
```

值得一提的是，Multi-Codec 與前面幾類 Multi-Formats 是相互相容的，如果出現 Multi-Codec 與 Multi-Addr 混用的情況，它們之間也不會出現衝突。這是因為在設計 Multi-Codec 表格時，已經考慮避開了前面已經占用的代碼。Multi-Hash、Multi-Base 和 Multi-Addr 中占用的代碼，在 Multi-Codec 中表示相同的含義。為了便於區分，Multi-Codec 也為它們保留了特定的 type 名。

我們用如下一個例子具體說明 Multi-Codec 與其他 Multi-Formats 的相容性，表 4-10 所示表示一個 IPv4 位址 127.0.0.1，UDP 埠 1234 的連線訊息。自上到下，分別是它的 Multi-Addr 機讀編碼、Multi-Codec 的標準編碼。

表 4-10　Multi-Addr 與 Multi-Codec 的兼容性

名　　　稱	內　　　容
Multi-Addr	0x 04 7f 00 00 01 11 04 d2
Multi-Codec	0x 32 04 7f 00 00 01 11 04 d2

使用 Multi-Addr 編碼的機讀方式在 4.1.3 已經提到過了。對於 Multi-Codec 標準編碼，我們需要說明資料類型代號以及資料內容。這裡的 Multi-Codec 定義的是一個 Multi-Addr 位址，我們找到表 4-11 的末尾，Multi-Addr 的十六進位制代碼為 0x32。緊接著，後面便是一個完整的 Multi-Addr 資料，Multi-Codec 編碼協定裡面包含了 Multi-Addr 的完整訊息。同樣，Multi-Codec 透過保留其他格式的代號，來相容其他的協定。無論是直接呼叫 Multi-Codec 還是透過遞迴呼叫，都可以進行相容處理。

我們接下來介紹 Multi-Codec 映射表格，這裡我們給出了表格的一部分。如表 4-11 所示。我們之前提到了，Multi-Codec 定義了多種類型的資料，包括原始資料、IPLD 資料、區塊鏈資料、序列化資料和 Multi-Formats。表 4-11 中列出了常用的資料類型。

表 4-11　Multi-Codec 表格

名　　　稱	描　　　述	代碼	資料類型
raw	原始二進位制資料	0x55	二進位制
dag-pb	MerkleDAG protobuf 格式	0x70	IPLD
dag-cbor	MerkleDAG cbor 格式	0x71	IPLD
dag-json	MerkleDAG json 格式	0x129	IPLD
git-raw	原始 Git 物件	0x78	IPLD
eth-block	Ethereum 區塊（RLP）	0x90	IPLD
eth-block-list	Ethereum 區塊列表（RLP）	0x91	IPLD
eth-tx-trie	Ethereum 交易 Trie（Eth-Trie）	0x92	IPLD
eth-tx	Ethereum 交易（RLP）	0x93	IPLD
eth-tx-receipt-trie	Ethereum 交易收據訊息 Trie（Eth-Trie）	0x94	IPLD

名　　稱	描　　述	代碼	資料類型
eth-tx-receipt	Ethereum 交易收據訊息（RLP）	0x95	IPLD
eth-state-trie	Ethereum State Trie（Eth-Secure-Trie）	0x96	IPLD
eth-account-snapshot	Ethereum Account Snapshot（RLP）	0x97	IPLD
eth-storage-trie	Ethereum Contract Storage Trie（Eth-Secure-Trie）	0x98	IPLD
bitcoin-block	Bitcoin 區塊	0xb0	IPLD
bitcoin-tx	Bitcoin 交易	0xb1	IPLD
zcash-block	Zcash 區塊	0xc0	IPLD
zcash-tx	Zcash 交易	0xc1	IPLD
stellar-block	Stellar 區塊	0xd0	IPLD
stellar-tx	Stellar 交易	0xd1	IPLD
decred-block	Decred 區塊	0xe0	IPLD
decred-tx	Decred 交易	0xe1	IPLD
dash-block	Dash 區塊	0xf0	IPLD
dash-tx	Dash 交易	0xf1	IPLD
torrent-info	Torrent 訊息檔案（bencoded 編碼）	0x7b	IPLD
torrent-file	Torrent 檔案（bencoded 編碼）	0x7c	IPLD
cbor	CBOR	0x51	序列化資料
bson	Binary JSON	0x	序列化資料
ubjson	通用二進位制 JSON	0x	序列化資料
protobuf	Protocol Buffers	0x50	序列化資料
capnp	Cap-n-Proto	0x	序列化資料
flatbuf	FlatBuffers	0x	序列化資料
rlp	遞迴的長度前綴	0x60	序列化資料
msgpack	MessagePack	0x	序列化資料
binc	Binc 編碼	0x	序列化資料
bencode	bencode 編碼	0x63	序列化資料
Multicodec	Multi-Codec 編碼	0x30	Multi-Formats
Multihash	Multi-Hash 編碼	0x31	Multi-Formats
Multiaddr	Multi-Addr 編碼	0x32	Multi-Formats
Multibase	Multi-Base 編碼	0x33	Multi-Formats

4.1.5　Multi-Stream

Multi-Stream 是自描述編碼串流協定，用於實現自描述的位串，其主要場景是在網路中傳輸。在進行過 Multi-Stream 編碼後，編碼串流能實現自我描述的功能。

Multi-Stream 包含三個欄位，分別為流長度、Multi-Codec 類型和編碼資料本身，之間使用兩個分隔符分隔開。其定義如下所示：

```
<Multi-Codec> ::= < 流長度 length>/<Multi-Codec type>\n< 編碼資料 >
```

4.2　libp2p

libp2p 是 IPFS 協定堆疊實現中最為重要的模組。如圖 4-1 所示，libp2p 負責 IPFS 資料的網路通訊、路由、交換等功能。2018 年 7 月，協定實驗室在全球 IPFS 開發者大會上將 libp2p 提升為一級專案，與 IPFS 和 Filecoin 比肩。libp2p 是 IPFS 與 Filecoin 的基礎設施，而且，libp2p 有潛力成為未來點對點傳輸應用、區塊鏈和物聯網的基礎設施。它高度抽象了主流的傳輸協定，使得上層應用程式開發時完全不必關注底層的具體實現，最終實現跨環境、跨協定的裝置互聯。

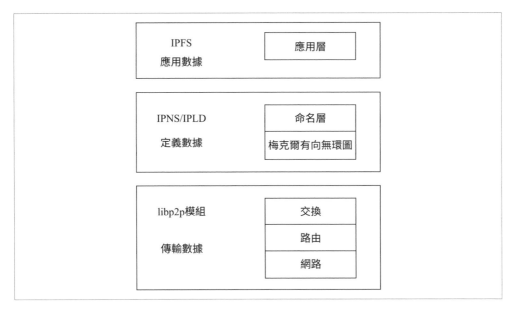

圖 4-1　libp2p 在 IPFS 協定堆疊中的功能

本節將圍繞 libp2p 的 Go 實現（go-libp2p 是其第一個產品庫，也是實現最全面的一個函式庫），對 libp2p 的功能特性、核心原理、應用場景做一個全面的介紹。

4.2.1　libp2p 的功能

libp2p 能幫助你連線各個裝置節點的網路通訊函式庫，即：任意兩個節點，不管在哪裡，不管處於什麼環境，不管執行什麼作業系統，不管是不是在 NAT 之後，只要它們有物理上連線的可能性，那麼 libp2p 就會幫你完成這個連線。同時，libp2p 還是一個工具函式庫。我們平常在做軟體開發的時候，不僅要關注底層（例如：TCP 連線），還需要關注連線狀態等訊息。libp2p 抽象整合了所有開發者基本都需要的一些工具屬性功能，如圖 4-2 所示。這些工具的功能主要包括：節點之間的連結復用；節點訊息之間的互相交換；指定中繼節點；網路位址轉換（NAT）；分散式雜湊表（dht）定址；訊息往返時延（RTT）統計等。

圖 4-2 libp2p 工具函式庫

對於整個 IPFS 協定來說，libp2p 處於非常重要的一個模組，這是因為在研發 IPFS 的時候，遇到了大量的異構裝置，這些裝置上執行著不同的作業系統，硬體和網路環境非常複雜。比如在有些國家的網路環境下，需要多種 NAT 穿越；還有某些場景下，可能用不了 TCP 連線，同時也存在協定變遷的情況。因此，協定實驗室需要為 IPFS 和 Filecoin 打造一個健壯的網路層軟體設施。大家如果對 IPFS 的原始碼有過研究，就會發現 IPFS 的很多功能就是對 libp2p 的一個簡單抽象與包裝。換句話說，如果你有一些新的想法，完全可以以 libp2p 函式庫為基礎開發一個新的 IPFS 或者其他分散式系統。

libp2p 的功能目標很遠大，但是協定實驗室和開源社群的貢獻者目前只實現了一部分功能，不過已經可以滿足 IPFS 的使用了。圖 4-3 列出了一些 libp2p 功能實現的目標和現狀，方便大家區分和使用。

目標	現狀
* 相容的傳輸協定：TCP、UDP、SCTP、UDT、UTP、QUIC、SSH等	* 傳輸協定：TCP、WS、QUIC、UTP
* 相容的驗證協定：TLS、DTLS、CurveCP、SSH等	* 類TLS的加密過程
* 鏈路復用機制，避免握手開銷	* 鏈路复用机制：mplex、yaumx
* 流言系統	* 流言系統：floodsub、gossipsub
* RTT及流量統計機制	* RTT及流量統計機制
* 中繼功能	* 中繼功能
* 服務發現功能	* 發現功能：dht發現，mdns發現
* NAT穿透	* NAT穿透：僅實現了Upnp、nat-pmp兩種
* 私有網路	* 私有網路功能
* 端口復用功能	* 端口利用功能
* 路由功能	* 路由功能

圖 4-3 libp2p 功能的目標與現狀

4.2.2 libp2p 核心原理

1. libp2p 核心元件

要了解 libp2p 的原理，需要先了解 libp2p 的核心元件及其關係，如圖 4-4 所示。第 1 層是介面層，它幫我們實現了 ID-service、pub-sub、dht、ping 偏應用屬性的功能介面，開發人員只需關注這一層，即可快速上手，使用 libp2p 進行開發。第 2 層是 host 層，分為 routed host 和 basic host，這兩個 host 是互相繼承關係，routed 是 basic 的一個擴展實現。在 libp2p 中，一個 host 代表一個節點，所以在 IPFS 中，以 host 為單位進行資料分發與傳輸。接下來，我們將以 host 層為頂，自底向上逐一介紹 libp2p 的核心元件。

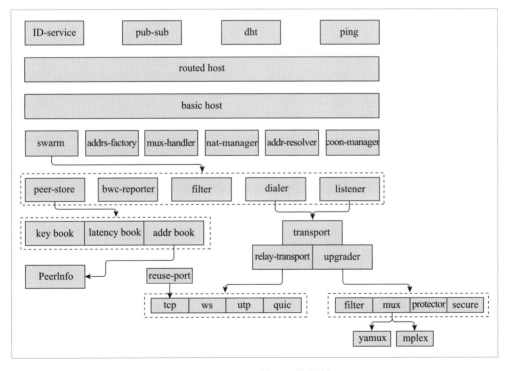

圖 4-4 libp2p 核心元件關係

(1) transport（傳輸層）

它位於應用層和傳輸層中間，將 Websocket、TCP、UTP、Quic 等主流傳輸協定封裝起來。這有兩個好處，一是需要相容目前主流的傳輸協定，但隨著技術的發展，協定是不斷演進的，我們都想儘可能地把一些協定演進的變化放入一個專門的模組來適配；二是現有的傳輸 IP 位址和協定是分開進行的，P 傳輸層的核心是把 IP 位址和傳輸協定抽象為一個統一的介面，對外只要匹配好介面就可以按照原來的方式使用。這也是用 libp2p 來建構 P2P 網路會更快、更簡單的原因。它大大簡化了開發者的使用。

(2) upgrader（升級器）

在 HTTPS 協定中，底層是 TCP，上面加了一個加密通訊端層，其實這個加密通訊端層就是 upgrader。但是在 libp2p 中，它的功能更多一些，有 4 層。如圖 4-5 所示，libp2p TCP 連線過程中將會建立一個完整連結，需先經過 filter（filter 是一個位址過濾器），再經過 protector（私網），之後經過 secure（加密層），最後經過 muxer（復用機制）。

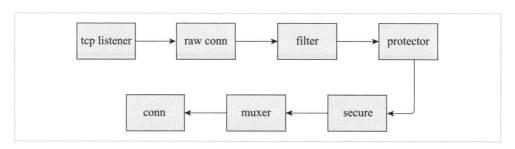

圖 4-5　libp2p TCP 連線過程

下面分別介紹一下上圖中涉及的 upgrader（升級器）。

❑ filter upgrader：該層非常簡單，用來判斷一個位址是否在黑白名單裡面。

❑ protector upgrader：本層稱為保護網路，也可以稱為私有網路。它的執行原理是，在私有網路環境下，首先需要生成一個密鑰，並分發到所有需要連線到該私有網路的節點之中。節點使用該密鑰進行初始化。通訊的時候，節點之間首先互相交換一個隨機數，再利用該隨機數和密鑰來加密資料傳輸。私有網路是透過密鑰進行連線的，如果沒有密鑰，則無法連線進行通訊。

❑ secure upgrader：該層類似 TLS 的加密連結層。目前使用的加密方式有對稱加密和非對稱加密兩種。非對稱加密用來握手，對稱加密用來加密信道。例如，節點之間的三次握手，第 1 次握手互換訊息（公鑰、nonce、節點支援的非對稱加密的列表和對稱加密列表、支援的雜湊方式列表）。完成協商之後開始第 2 次握手，交換訊息（臨時密鑰、簽名訊息），根據對方的公鑰進行加密；對方收到資料後使用自己的私鑰去解密即可。至此，節點之間就完成了可用的通訊密鑰交換。第 3 次握手驗證訊息，驗證雙方有沒有按照正確的方式完成訊息交換。

❑ mux upgrader：鏈路復用層，顧名思義其功能是復用鏈路，在一個鏈路上可以打開多個連結。

(3) relay transport

這項功能在某些場景是非常有用的，主要涉及 NAT 的問題。中繼（relay transport）的實現方案如圖 4-6 所示，該圖所示為 libp2p 的中繼方案實現方式。值得注意的一點是：不管中繼 listener 監聽到了多少個物理連結，底層對應的都是一個物理連結，所以在中繼場景下的連結都是輕量級的。

(4) peerstore

Peerstore 結構如圖 4-7 所示。peerstore 類似於生活中的電話本，記錄了所有「聯絡人」相關訊息，比如：key book 記錄公私鑰訊息；metrics 記錄連結的耗時時間。透過加權平均值的方式對改節點進行評估。addr book 是位址訊息，預設實現裡面帶超時的位址訊息。當然這個超時時間可以設為零。最後 data store 發揮標示位址的作用。

(5) swarm

swarm 是 libp2p 的核心元件之一，因為它是真正的網路層，如圖 4-8 所示。所有與網路相關的元件全部位於 swarm 元件裡面，位址簿、連結、監聽器等元件都在這裡進行管理。swarm 有回調機制，當有一個新的 stream 進來，呼叫中轉函數進行邏輯處理。transport 管理功能可對多種 transport 管理，以實現更靈活的功能。dialer 是撥號器，它包含三種撥號器：同步撥號器、後台限制撥號器和有限制的撥號器。三種撥號器共同完成整個撥號的過程。

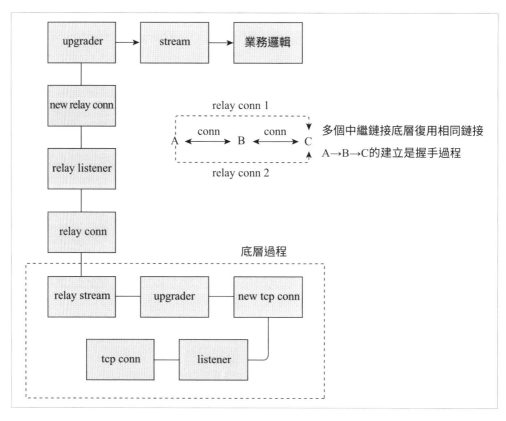

圖 4-6　libp2p 中繼方案實現方式

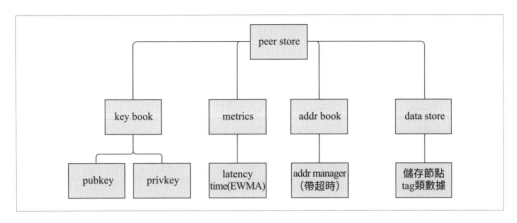

圖 4-7 peerstore

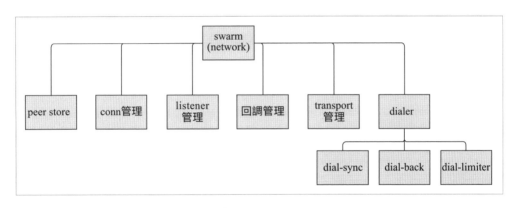

圖 4-8 swarm

(6) NAT

在各種負載的網路環境下，NAT（Network Address Translation，網路位址轉換）是大家都比較關注的功能，從目前實現方式來看，NAT 實際完成的是網路位址映射功能。該功能允許處於內網的網路裝置充當伺服器，可以被網路上其他裝置訪問。但是，實際中的網路非常複雜，NAT 並不總能成功。目前 libp2p 實現了兩種協定：Upnp 和 NAT-pmp，且在僅有一層 NAT 的時候有可能成功。

(7) host

host 層是我們操作和使用 libp2p 的核心支援，如圖 4-9 所示。它由上述所介紹的網路層 swarm 模組、負責身份互換的 ID-service、映射管理器 nat-manager 和連結管理器 conn-manager 組成。

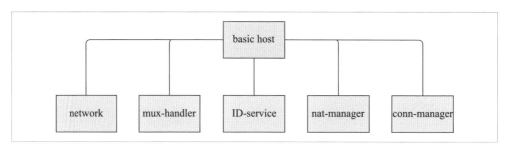

圖 4-9　host

2. libp2p 核心流程

了解完 libp2p 的核心元件之後，我們來看一下各元件是如何協同工作的，其核心是：初始化節點、監聽、撥號。

第 1 步是初始化節點的過程，如圖 4-10 所示。首先使用者設定訊息，例如節點支援哪些傳輸協定。然後使用這些訊息，生成一個新的 host，構建一個位址本。透過位址本構建網路層，再透過網路層構建 host，整個網路層就完成了初始化。

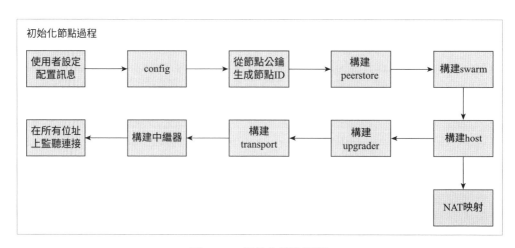

圖 4-10　初始化節點過程

第 2 步是節點的監聽過程，如圖 4-11 所示。監聽過程是從初始連結到使用者可用連結的過程，filter 到私網連結到構建加密傳輸到選擇多路復用協定再到 conn 這一流程就是 upgrader 的過程。首先在底層建立了一個 TCP 的監聽器，然後在這個監聽器會分配一個連結，然後將該連結轉換為對應的 multi-addr 格式，隨後對該連結進行升級。首先使用 filter 進行位址過濾滿足條件則進行私網連線，進而握手並構建加密傳輸。透過協商與對方協商構建多路復用器。upgrader 的連結構建完成後有兩個分支，一個分支需要非同步處理新連結。另一個是在這個連結上面啟動一個 stream 監聽器，加入網路管理。這就是節點的整個監聽過程。

第 3 步是節點撥號過程，如圖 4-12 所示。撥號過程會更複雜一些，需要節點發起一個 stream，節點自身會先測試一下與對方節點之間是否已經有底層連結了。如果有，就不用再建立；如果沒有，則透過撥號建立連線。撥號首先要檢驗節點自身後台是否被限制，因為限制撥號十分有必要，我們可以試著假設一下，如果實際中存在多個執行緒，同時要跟某一個節點建立連線，而這個時候底層都沒有這個連線，那相當於需要啟動兩個撥號行程，這肯定將造成資源浪費。所以不管有多少個撥號請求，最終發出的只有一個。接著，就是過濾對方的無效位址，針對過濾完成後剩下的有效位址，同時進行撥號申請。對於每個需要撥號的位址來說，建立對應的傳輸之後，就與監聽過程類似了。

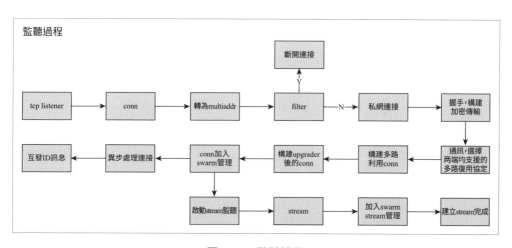

圖 4-11　監聽過程

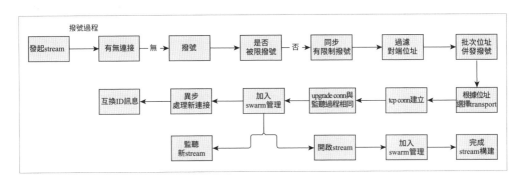

圖 4-12 撥號過程

最後是資料交換層，我們如果要基於 libp2p 進行應用開發，應用程式碼就是
在這一層編寫的。要開發一個應用，首先要實現被呼叫方程式碼及呼叫方程
式碼，設定介面的協定名，完成背後的處理邏輯。然後被呼叫方開始監聽，
呼叫方開始進入呼叫過程。雙方建立 stream 以後，透過 4.1 節所描述的 Multi-
Format 函式庫進行通訊，詳細資料交換過程如圖 4-13 所示。

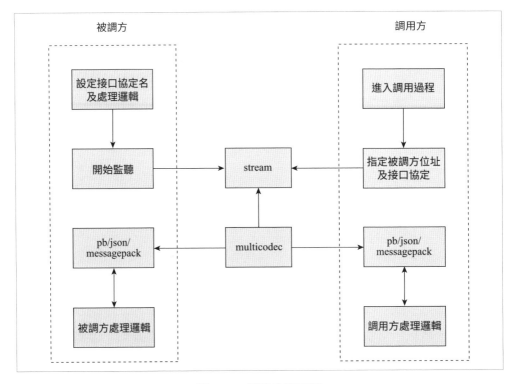

圖 4-13 資料交換過程

4.2.3　libp2p 的用途

從前面章節的介紹，我們了解到了 libp2p 是一個專門為 P2P 應用而設計的多模組、易擴展網路堆疊庫，其應用場景主要集中於物聯網、區塊鏈、分散式訊息以及檔案傳輸這幾個方面。

❑ 物聯網：對於物聯網場景來說，P2P 連線是很重要的一環。比如，在安防場景，安防攝影機與手機之間最好建立直連連線。如此可以大幅度減輕中央伺服器的頻寬壓力。libp2p 可以幫助其完成鏈路上的連線工作，同時可以完成諸如 NAT 打洞（目前尚未實現，但正在完善中）、流量及 RTT 統計、長連結、流式加密傳輸、服務端主動和終端通訊等工作。此外，libp2p 在車聯網領域也有適合的應用場景。由於該場景中終端裝置會不斷在各種網路之間進行切換，導致其 IP 位址訊息不斷發生變化。libp2p 基於節點 ID 的連結方式及 DHT 路由發現機制，可以解除底層物理連結與上層邏輯的耦合。隨著網際網路的發展，應用規模越來越大，如何有效且快速地分發訊息（如抖音與快手的關注影片、直播平台的即時推流等），同時降低中心化伺服器的壓力，是未來網路技術發展的一個重要方向。

❑ 區塊鏈：在區塊鏈領域裡面已經有專案利用 libp2p 作為自己的底層服務，比如之前多次提到的 Filecoin。在「區塊資料同步」、「檔案傳輸」、「節點尋找」等核心環節都使用了 libp2p。還有 Polkadot（波卡鏈）專案，作為可能成為區塊鏈 3.0 的開關者，為了相容現有的諸如以太坊等主鏈而採用異構多鏈架構，更要考慮終端裝置的複雜場景，因此選擇使用 libp2p 作為其底層傳輸層，利用 libp2p 在各個模組中的高度抽象帶來的靈活性及可擴展性，來避免因區塊鏈技術發展而導致的不相容問題。

❑ 分散式訊息：分散式訊息系統，可以不透過中心伺服器的中轉功能，直接在節點之間建立連線，用於訊息的發送和接收。去除了中心化伺服器，可以有效防止單點失效、網路攻擊。

❑ 傳輸檔案：Filecoin 和 IPFS 是基於 libp2p 來進行資料傳輸的。對於點對點檔案傳輸，libp2p 將有非常廣泛的應用場景。

4.3 IPLD

IPLD 是基於內容定址的資料模型的抽象層，IPLD 能夠連線起各類以內容定址為主的資料結構。設計 IPLD 的初衷是希望這一資料結構不僅能應用於 IPFS，而且能為其他透過雜湊類型檢索的資料提供一個通用的資料模型。

我們知道，IPFS 是使用雜湊值作為網路內容的檢索方式。實際上不只是 IPFS，現在各類區塊鏈系統都使用雜湊值檢索。一個典型的例子是對區塊鏈的錢包位址、交易 ID 及智慧合約的雜湊位址進行檢索。對這些資料使用雜湊值檢索最初是為了確保資料的完整性，而不是為了相互引用。因此，各個系統之間雖然都依賴於相似的原語，但互不相容，更不能協同工作。IPLD 實現跨系統和協定的引用，統一該類資料結構。

IPLD 能帶來的好處也是顯而易見的。以區塊鏈系統為例，IPLD 能為區塊鏈系統提供相對廉價的儲存空間以存放媒體資料，而不需要讓每個區塊鏈節點都備份一次；又或者，開發者的 Git 提交也能引用比特幣網路；又或者，它能跟蹤智慧合約的各個函數的執行。針對比特幣、以太坊、ZCASH、BitTorrent 使用的 IPLD 格式目前處在疊代研發之中。下面我們主要介紹 IPLD 的資料類型，以及內容識別符 CID 的相關內容。在本節中，我們主要介紹 IPLD 的資料模型和內容識別符 CID 的格式規則。

4.3.1 IPLD 資料模型

IPLD 定義了三種資料類型：梅克爾連結（Merkle-Links）、梅克爾有向無環圖（Merkle-DAG）和梅克爾路徑（Merkle-Paths）。顧名思義，梅克爾連結是連線兩個梅克爾物件的連結；梅克爾路徑是由梅克爾連結組成的、用於訪問引用物件成員的路徑；梅克爾有向無環圖的邊是梅克爾連結，節點是一個物件。

1. 梅克爾連結

物件之間的連結物件是目標物件的雜湊值引用，透過目標物件的雜湊實現。這一連結是單向的，梅克爾連結有如下兩個功能。

1）**加密完整性驗證**：使用者可以透過對目標物件的雜湊來測試資料的完整性。這一特性能廣泛應用於安全、可靠的資料交換場景（例如 Git、BitTorrent）。

2）**資料結構不可改變**：帶有梅克爾連結的資料結構在引用後不可以改變。

一個梅克爾連結表示為連線符加連線物件的引用形式，如下：

```
{ "/" : "連線物件的引用" }
```

以下會用三個例子來說明梅克爾連結。第 1 個例子是最簡單的梅克爾連線；第 2 個例子提供梅克爾連結與一般物件的對比；第 3 個例子中包含了多種物件，它是 IPLD 中最常見的形式。

1）如下 JSON 格式的梅克爾連結中，"/"代表連結符；"/ipfs/QmUmg7BZC1YP1ca66rRtWKxpXp77WgVHrnv263JtDuvs2k"是連結的引用。該條梅克爾連結指向一個 IPFS 物件，後面的雜湊值為該物件的內容識別符（CID）。

```
{ "/" : "/ipfs/QmUmg7BZC1YP1ca66rRtWKxpXp77WgVHrnv263JtDuvs2k" }
```

2）如下的 JSON 物件內包括一個名為"foo"的物件，而"foo"下又包含了兩個物件。我們注意到，"bar"沒有按照梅克爾連結的格式給出，因為它沒有連線符。因此，"bar"物件是一個字串，而不是一條梅克爾連結。而"baz"滿足梅克爾連結的格式，它是梅克爾連結。因此，這一例子表示的是一個名為"foo"的物件，而"foo"下包含一個梅克爾連結及一段字串，該字串為梅克爾連結的位址。

```
{
    "foo": {
        "bar": "/ipfs/QmUmg7BZC1YP1ca66rRtWKxpXp77WgVHrnv263JtDuvs2k",
            // 不是一個連結
        "baz": {"/": "/ipfs/QmUmg7BZC1YP1ca66rRtWKxpXp77WgVHrnv263JtDuv
            s2k"} // 連結
    }
}
```

3) 如下的物件的外層是名為 "files" 的物件，"files" 內部包含一個名為 "cat.
jpg" 的物件，"cat.jpg" 內又嵌套了一個名為 "link" 的梅克爾連結、一個
名為 "mode" 的整數和一個名為 "owner" 的字串。因此，這一例子描述的
是一個貓的圖片連結，並給出了圖片 mode 碼及圖片作者。

```
{
    "files" : {
        "cat.jpg" : {
        "link" : { "/" : "/ipfs/QmUmg7BZC1YP1ca66rRtWK
                    xpXp77WgVHrnv263JtDuvs2k" },
        "mode" : 0755,
        "owner" : "jbenet"
        }
    }
}
```

值得注意的是，梅克爾連結使用雜湊值進行檢索。若更改連結的引用值，只需
要更改連結的物件即可，而不用修改該物件本身。如果應用程式需要將梅克爾
連結用於其他目的，則應用程式需要為此定義相應的處理邏輯。

2. 梅克爾路徑

梅克爾路徑是 UNIX 風格的路徑，它包括一段梅克爾路徑的引用，以及物件內
或使用另一個梅克爾路徑遍歷到其他物件的引用。梅克爾路徑遍歷和物件內路
徑遍歷都使用同一個符號，即 "/"。

```
< 梅克爾路徑 > ::= / 物件名 < 梅克爾路徑 >
```

我們在上面講述梅克爾連結的時候，連結物件的引用欄位就是梅克爾路徑。下面我們再透過例子講述梅克爾路徑的格式。首先打開 IPFS 物件，這個物件下使用 QmUmg……2k 到達一個以雜湊編碼檢索的物件，然後依次打開 a→link，最終定位到 b 這一物件。該路徑表示方式與主流的路徑表示方式一致。

```
/ipfs/QmUmg7BZC1YP1ca66rRtWKxpXp77WgVHrnv263JtDuvs2k/a/link/b
```

4.3.2　內容識別符（CID）

CID 是一種自描述的內容定址標識符，它使用雜湊來實現內容定址。其中，MultiFormats 實現自我描述功能，即 MultiHash 實現字描述雜湊，MultiCodec 自描述內容類型，MultiBase 實現 CID 編碼。CID 目前有兩個版本，分別為 CIDv0 和 CIDv1。因為歷史原因，CIDv0 隻適用於 IPFS 預設的編碼規則和加密演算法。而 CIDv1 適應演算法和編碼規則大大增加。目前，部分 CIDv1 已經相容了 CIDv0 格式。未來有可能 CIDv0 會停止更新，開發者應儘可能使用 CIDv1 進行開發。下面我們將重點說明 CIDv0 和 CIDv1 的格式，並給出其相應的解碼方法。

1. CIDv1

CIDv1 包含 4 個欄位，分別為 multibase 類型前綴代碼，cid 版本號，multicodec 內容識別符，完整的 multihash。multibase 前綴用於描述這一條 CID 後面內容的編碼格式，cid- 版本號用於與 CIDv0 區分。

```
<cidv1> ::= <multibase type><cid- 版本號 ><multicodec><multihash>
```

其中：

❏ <multibase type>：Multi-Base 前綴代碼，占用 1 ～ 2 位元組。用於描述該 CID 的編碼格式，若為二進位制編碼，可以將其省略。

❏ <cid- 版本號 >：CID 版本號。

❏ <multicodec>：Multi-Codec 內容識別符。

❏ <multihash>： 完 整 的 Multi-Hash， 包 括 <mhash-code><mhash-len><mhash-value>3 項。

其中，Multi-Base、Multi-Hash、Multi-Codec 我們在 4.1 節詳細描述了，讀者可以回顧 4.1 節的內容進行查詢。

同時，透過 Multi-Base 的映射格式，我們也可以將 CIDv1 寫成對應的可讀性模式。CIDv1 的可讀性格式如下。

```
<hr-cid> ::= <hr-mbc> "-" <hr-cid-version> "-" <hr-mc> "-" <hr-mh>
```

其中：

❏ <hr-mbc> 為可讀 Multi-Base 代碼，例如 "base58btc"。

❏ <hr-cid-version> 為可讀的 CID 版本號，如 "cidv1"、"cidv2"。

❏ <hr-mc> 為可讀 Multi-Codec 代碼，如 "cbor"。

❏ <hr-mh> 為可讀 Multi-Hash，例如 "sha2-256-256-abc456789……"。

我們給出如下例子，<cidv1> 為原始格式，<hr-cid> 為可讀性模式。

```
<cidv1> = zb2rhe5P4gXftAwvA4eXQ5HJwsER2owDyS9sKaQRRVQPn93bA
<hr-cid> = base58btc - cidv1 - raw - sha2-256-256-6e6ff7950a36187a801
    613426e858dce686cd7d7e3c0fc42ee0330072d245c95
```

2. CIDv0

這裡額外提一下 CIDv0 的格式。CIDv0 是在實現 IPFS 系統時設計的，當時並未考慮多種編碼的需要，CIDv1 版本已經可以適用於各類加密方式和編碼方式了。開發者仍然能在 IPFS 某些元件中發現它。CIDv0 版本中，預設使用二進位制編碼，長度為 34 位元組。這是因為 IPFS 的是基於 Base58 編碼及 SHA2-256

雜湊演算法實現的。CIDv0 與 CIDv1 的欄位定義是一樣的,同樣是 4 個欄位,
每個欄位內涵一致。不過欄位長度和符號略有不同。CIDv0 中,Multi-Base 類
型代號預設為 Base58,CID 版本號預設為 0,Multi-Codec 預設 Protobuf。建議
開發時小心處理。

```
<cidv0> ::= <multibase type><cid- 版本號 ><multicodec><multihash>
```

其中:

❑ <multibase type>:在 CIDv0 中預設值為 Base58,其 multibase 二進位制映射
  為 Z。

❑ <cid- 版本號 >:在 CIDv0 中預設為 0。

❑ <multicodec>:在 CIDv0 中預設為 protobuf 格式,其二進位制表示為 0x50。

❑ <multihash>:完整的 Multi-Hash。

4.3.3　CID 解碼規則

為方便使用 CID 正確完成解碼,我們在這裡給出了 CID 解碼的規則。即給定一
個 CID 如何分辨其版本,並且將其解碼為 <multibase type>、<cid- 版本號 >、
<multicodec>、<multihash>4 部分。我們主要考慮與 CIDv0、CIDv1 以及日後
更多 CID 版本的相容性。

對於一個輸入 CID,我們首先判斷它的長度是否是 46 位元組,並且開頭
是 Qm。如果是,那麼表示它一定是 CIDv0 格式。接下來我們直接對它按照
Base58btc 解碼成二進位制。如果不滿足,它可能是 CID 的後續版本。我們可
以直接按照 Multi-Base 的規範進行解碼。

得到了二進位制 CID,若其長度是 46 位元組,並且前導位元組是 0x12 或者
0x20,那麼我們就可以確定它是 CIDv0,並且是完整的。如果其長度不是 46

位元組，並且前導位元組是除了 0x12、0x20 以外的形式，我們通過前導位元組的第 1 個字，即 <cid- 版本號 > 判斷，由此可以將 CID 各個版本解碼。

以下提供了上述解碼方法的虛擬碼，方便大家閱讀。

```
輸入 :CID 編碼 s;
輸出 :multi-hash, version, multi-codec
    If s.length == 46 && s.prefix == `Qm`
            // s 長度為 46 位元組 (ASCII 或 UTF-8)，且開頭為 Qm
            then cid = decode(s, base58btc)
            // 其格式為 CIDv0（IPFS 原始格式），用 Base58btc 規範解碼 cid2
            else cid = decode(s,multibase)
            // 根據 Multi-Base 規範解碼成二進位制 cid
                If cid.prefix == `0x12`
                    then return Error;
    else
        cid = cid = decode(s,multibase)2;
        If cid.prefix == `0x12`  || cid.prefix == `0x20`
            // cid 的前導位元組為 cid = [0x12, 0x20] 形式，cid 為 CIDv0
            then  return decode(cid, cidv0)v0uf
            else
            // 其他情況，按照在未來更新時 CID 版本定義解碼
                    version = cid.version
                return decode(cid,version)
```

4.4　本章小結

本章我們主要介紹了 IPFS 的三個元件，分別是 Multi-Format、libp2p，及 IPLD。Multi-Format（自描述格式協定庫）是為了使各類程式語言、雜湊演算法和編碼方式能在 IPFS 上相容工作。libp2p（P2P 網路協定模組庫）將 IPFS 所需要的網路層檔案傳輸、通訊功能完全分隔開。開發者能夠利用 libp2p 快速構建一個基於分散式網路的應用。IPLD 是基於內容定址的資料模型描象層，能夠連線起各類以內容定址為主的資料結構，如區塊鏈資料、Git、BitTorrent 等。下一章，將會介紹 IPFS 激勵層區塊鏈專案：Filecoin。

第 5 章

Filecoin

前面幾章帶領大家學習了 IPFS 協定相關內容。本章主要介紹與 IPFS 協定緊密相關的另一個協定 Filecoin。IPFS 是一個植根於開源社群的、以協定實驗室團隊為核心的開源技術。截至本書完稿時，為 IPFS 專案貢獻過程式碼的開發者已達數千人之多。IPFS 是一個非常優秀的開源專案，但是，IPFS 本身作為協定並非完美，IPFS 專案的資料傳輸核心為 BT 技術。

我們知道，對於 BT 技術，節點的多少直接決定了網路的質量，IPFS 網路想要有更優秀的效能，必須有大量的節點同時線上。很多讀者對於以前利用 BT 進行大檔下載不會陌生，大多數使用者在下載完成後，會關掉 BT 軟體，很難有動力持續為網路貢獻資源。該問題也是 IPFS 所面臨的困難。非常幸運的是，IPFS 誕生時正好遇到了區塊鏈的興起，我們知道區塊鏈技術非常適合作為 IPFS 激勵層，於是 Filecoin 就在這樣的背景下誕生了。

5.1　Filecoin 項目簡介

5.1.1　Filecoin 項目的起源

Filecoin 的發展歷史如下：

2014 年 7 月 15 日，Filecoin 發布了第一版協定草案，Filecoin 協定的設計啟動。第 1 版 Filecoin 協定只參考了以太坊的設計，但當時區塊鏈技術無論在理論儲備還是在實踐應用上都不夠成熟，Filecoin 協定的設計並沒有太大的進展。

2017 年 7 月 4 日，協定實驗室發布了 Filecoin 協定的研究路線圖。至此，Filecoin 有了一個清晰的研究路線。

2017 年 7 月 19 日，協定實驗室發布了新版的 Filecoin 協定白皮書。距離第一次發布草案協定已經過了三年。區塊鏈技術經過了三年的高速發展，特別是以太坊技術的成功，為業界提供了可參考的成功案例。

2017 年 7 月 27 日，協定實驗室同時發布了《複製證明協定》（ProofofReplication）和《影響力容錯協定》（PoWerFaultTolerance）兩份技術報告。這兩項技術是 Filecoin 技術的核心協定，直接決定了 Filecoin 的可行性和是否能夠成功，甚至決定了 Filecoin 礦機的效能和網路的效能。

2017 年 7 月～ 9 月，Filecoin 進行了融資，並且取得了 2.57 億美元的融資額，也成為 2017 年區塊鏈業界中最大的一筆融資。

與 IPFS 不同，Filecoin 由於技術難度非常大，其中複製證明和時空證明都是需要進行基礎研究性質的創新技術，這決定了 Filecoin 的設計開發與一般的區塊鏈專案相比要難很多。由於研究的不確定性，在投資協定裡面並未明確規定專案的上線日期，僅在風險提示裡定義了 Filecoin 專案終止條件。

5.1.2　Filecoin 項目的價值

隨著技術的進步，每天都有大量的資料生成，資料每年正在以幾何級數成長。第五代通訊技術即將大規模應用，會極大促進物聯網的布局。世界正在被資料化。資料儲存和傳輸的成本必然成為制約技術發展的一個瓶頸。Filecoin 技術的誕生就是為了解決資料的儲存和傳輸問題的。希望借助於 Filecoin 系統大幅度降低資料儲存和傳輸的成本，同時提升資料儲存的安全性。

❑ **算力**：算力是區塊鏈系統中計算礦工貢獻的主要手段。而傳統的區塊鏈算力與礦機的計算速度嚴格呈正相關，計算速度越高，算力就越大，礦工收益也越高。這帶來了兩個問題：計算資源的浪費和能源的大量消耗。礦工在該種激勵方式下投入更多的算力來獲取更多收益。技術的進步從來不會停止，Filecoin 協定在設計之初就考慮了這兩個問題，從根本上規避了以往區塊鏈的弊端。Filecoin 協定取而代之的是激勵礦工投入更多的儲存裝置和網路頻寬，這也為提升 Filecoin 系統價值奠定了基礎。

❑ **儲存共享**：在這個世界上存在著大量的沒有有效利用的儲存裝置（比如行動硬碟），如果能將這些處於閒置狀態的儲存裝置有效利用起來，會大大降低資料的儲存成本。

❑ **頻寬共享**：與儲存裝置一樣，在目前的網際網路技術框架下，大量的頻寬同樣也沒有得到有效利用或者價值沒有得到更公平的分配。Filecoin 協定可以將這部分價值利用起來，重新平衡網路的利用，有效降低使用者的網路使用成本。

❑ **技術進步**：從比特幣和以太坊的成功經驗來看，區塊鏈在推動技術進步上面有著巨大影響力（如比特幣推動晶片產業的發展），Filecoin 也將推動兩個產業的快速發展—儲存裝置製造業和網路頻寬的擴容。或許在不久的將來我們能夠在 Filecoin 的推動下享受到更加廉價和效能更加強大的網路。

Filecoin 專案的本質是共享經濟，為全球更加有效地利用儲存裝置和網路、降低資料的儲存和傳輸成本帶來了可能。

5.1.3　Filecoin 的價值交換市場

Filecoin 系統自帶了價值市場，與以往的區塊鏈不同，Filecoin 是一個與實體經濟緊密結合的專案，自身擁有兩個巨大的價值市場：儲存市場（儲存空間的購買和銷售）與檢索市場（流量的購買與銷售）。在區塊鏈發展的過程中，與實體經濟結合始終是區塊鏈技術面臨的巨大挑戰，截至本書完稿時，區塊鏈產業並未出現與實體經濟結合，實現真正落地的區塊鏈指標性專案。Filecoin 的發布結束了這一狀態。從現有區塊鏈產業來看，Filecoin 是目前唯一一個「與實體經濟緊密結合的可落地的區塊鏈」的專案。

❑ 儲存市場：礦工和使用者透過 Filecoin 代幣的媒介，在 Filecoin 網路裡面完成銷售和購買資料儲存空間。

❑ 檢索市場：與儲存市場相似，礦工和使用者透過 Filecoin 的代幣媒介在 Filecoin 網路裡完成流量的銷售和資料的下載。

5.1.4　最佳化網際網路的使用

Filecoin 網路對於網際網路擁有強大的最佳化作用，主要表現在以下幾個方面：

❑ 網路：Filecoin 協定使用 IPFS 作為資料傳輸和定位工具。BT 的使用可以在現有中心化網路基礎上節省高達 60% 的頻寬。Filecoin 的使用將會大大最佳化現有網際網路的使用，提升頻寬的利用率。

❑ 資料儲存：Filecoin 網路在使用中會逐步平衡最佳化資料儲存，將資料放到更加靠近資料頻繁使用的區域。這種自平衡功能，對網際網路的最佳化提供了強大的技術基礎支援。

❑ 分散式網際網路發展方向：網際網路經過了幾十年的發展和進化，隨著網路規模的逐漸增大，應用的規模一直在突破人們的認知上限，例如，天貓雙十一購物節、春晚搶紅包服務帶來的恐怖流量等。網際網路技術從中心化、集中式的服務逐步演變為分散式結構。Filecoin 本身就是為分散式網際網路和分散式儲存技術設計的。Filecoin 對未來網路的發展方向更加具備適應性，屬於分散式技術時代的「原住民」。

5.2 Filecoin 與 IPFS 之間的關係

將 Filecoin 與 IPFS 等同看待是常見的誤解。實際上 IPFS 與 Filecoin 有很大的不同。下面來詳細講解一下這兩個專案之間的關係。

❑ IPFS：非區塊鏈專案。IPFS 主要解決的是資料分發和定位問題，與線上網際網路技術領域處於壟斷地位的 HTTP 協定類似。與 HTTP 協定不同的是，HTTP 協定資料為點對點傳輸，而 IPFS 的資料為多點傳輸。在前面幾章我們已經介紹過相關的內容。

❑ Filecoin：區塊鏈專案。Filecoin 是一個基於區塊鏈的分散式儲存協定，用來解決資料的儲存問題，降低資料儲存和使用成本。

❑ 技術：IPFS 使用的技術與 Filecoin 有本質的區別。本章後面的內容將會詳細講解 Filecoin 技術。

❑ 互補協定：IPFS 協定與 Filecoin 協定是一對互補協定。Filecoin 是執行在 IPFS 上面的一個激勵層。基於 IPFS 的應用有著巨大的資料儲存和節點數量需求，IPFS 作為 P2P 網路，節點越多下載越快。如果沒有激勵機制，沒有人會願意無償貢獻如此眾多的節點和儲存。而 Filecoin 礦工在經濟的激勵下可以為 IPFS 網路貢獻巨量的節點，同時 IPFS 帶來了一個巨大的分散式儲存空間，可供基於 IPFS 的應用使用，這同時解決了 IFPS 網路的低成本、高效能儲存問題。

❑ 相互獨立：上面已經說了，IPFS 和 Filecoin 是一對互補協定，為什麼又說相互獨立呢？實際上，IPFS 和 Filecoin 在技術執行上沒有依賴關係。早在 2015 年 5 月 IPFS 已經上線執行，在沒有 Filecoin 的情況下，IPFS 系統依然可以執行得很好。同樣，Filecoin 也可以離開 IPFS 系統而獨立執行。這就好比單兵作戰和團隊作戰一樣，當 IPFS 和 Filecoin 單獨執行的時候，力量是有限的，而當 IPFS 與 Filecoin 結合執行的時候，事情就變得奇妙了，兩個協定結合起來共同組成更加強大的網路，使得雙方都大大的受益，更大幅提升兩個系統成功的機率。所以在實際應用的開發選型上面，開發者可以獨立選擇 IPFS 或者 Filecoin，也可以同時選擇兩者的結合，最大化為開發者提供了開發的靈活性。

Filecoin 協定和 IPFS 協定相互促進。IPFS 節點越多，IPFS 網路的效能越高，越多的應用更願意使用。IPFS 應用越多對於分散式儲存 Filecoin 的需求越大。Filecoin 的資料儲存和下載需求越多，礦工願意投入更多的資源來獲取更多的利益。礦工投入的資源越多，為 IPFS 網路帶來的支援越大。由此我們可以看到，IPFS 與 Filecoin 之間是強互補關係，共同進步，互相促進，一起為分散式網際網路提供一個優秀的解決方案。

5.3　Filecoin 經濟體系

經濟體系設計是區塊鏈專案裡面重要的一環。經濟體系設計的健壯性直接決定了專案是否能長期執行。實踐證明，比特幣和以太坊的經濟體系設計是非常優秀的，多年的執行中一直非常穩定。Filecoin 的經濟體系相對於比特幣或者以太坊要更加複雜，這是因為 Filecoin 本身自帶了價值市場。本節介紹一下 Filecoin 經濟體系是如何設計運作的。

Filecoin 的經濟體系設計為通縮模型，跟比特幣類似，具有一定的儲存價值。Filecoin 的儲存市場和檢索市場近似一個充分競爭的市場經濟體系。Filecoin 本身具有價值市場，代幣又具有很強的流通價值。在該模型中，代幣的儲存價值與流通價值並不矛盾，經濟最終會抹平收益之間的差異。在這裡，Filecoin 儲存和檢索的使用者錨定的是法幣，並不是代幣。代幣在這裡只是個中介作用。

所以代幣價值的波動會透過礦工的價格調整被消除掉。這是一個非常巧妙的創新型設計，在以往的區塊鏈經濟體系裡面並不常見。

5.3.1　Filecoin 的分發與使用

Filecoin 經濟體系裡面代幣的產生和流通模型如圖 5-1 所示。與比特幣相比，Filecoin 明顯在代幣的流通上更為複雜。透過檢索市場和儲存市場流通的代幣也是 Filecoin 價值市場的直觀表現形式。

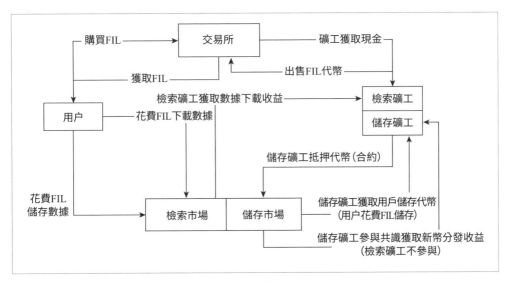

圖 5-1　Filecoin 的分發與使用

❏ 初始代幣的分發：Filecoin 代幣的總量為 20 億枚。與比特幣系統相同，初始代幣的分發透過礦工挖礦進行。Filecoin 的代幣發放為線性發放。

❏ 代幣的鎖定：礦工挖礦需要抵押一部分代幣，即智慧合約鎖定一部分代幣。

❏ 使用者消費：使用者首先從礦工處購買代幣，用於支付使用 Filecoin 系統的儲存和流量費用。代幣第一次發生流通，從礦工流到使用者，體現 Filecoin 代幣的流通價值。礦工透過代幣的中介作用獲取最終受益。

在 Filecoin 經濟體系設定中，綜合考慮了經濟發展、技術發展的曲線，採用了 6 年半衰期的方式（比特幣為 4 年）。該經濟模型經過了合理的推理與計算，在此不闡述計算的過程。實際中流通的代幣總量取決於：挖礦釋放的代幣總量、挖礦抵押數量、智慧合約鎖定數量、由於遺失鎖定的數量、檢索市場和儲存市場鎖定的代幣數量。

5.3.2　Filecoin 礦工收益結構

在 Filecoin 經濟體系裡面，檢索礦工和儲存礦工的收益構成是完全不相同的。Filecoin 經濟系統裡面礦工共有四種收益。

❑ **新幣發放收益**：儲存礦工（檢索礦工參與）透過投入儲存裝置和頻寬來獲取 Filecoin 系統新幣的發放。該部分與比特幣系統經濟模型一致。

❑ **儲存市場收益**：儲存礦工透過出售自己的儲存空間來獲取交易代幣。

❑ **區塊鏈交易費用**：儲存礦工透過競爭建立新的區塊來獲取區塊內交易包含的交易費用，這部分費用和比特幣體系也是一致的。

❑ **檢索市場收益**：檢索礦工透過提供資料檢索服務來獲取交易代幣。簡單講就是檢索礦工出售自己的流量。

對於檢索礦工來說，收益單一，只有一種檢索市場收益。檢索礦工不參與 Filecoin 區塊鏈共識機制，不能獲取新幣分發的收益。隨著 Filecoin 系統的使用規模越來越大，檢索市場的規模將會呈遞增趨勢，越多應用下載資料，越多收益。檢索礦工的收益跟 Filecoin 的資料下載量成正比關係。

對於儲存礦工來說，收益由三個部分組成，分別是新幣分發收益、儲存市場收益和區塊鏈交易費用。其中新幣分發收益和區塊鏈交易費用是儲存礦工參與 Filecoin 的共識機制所獲得的收益。

由此，我們可以了解 Filecoin 經濟體系中礦工收益的三部分來源。該經濟體系在長期執行中透過各方經濟利益進行自我平衡，自我修復，目的是打造一個穩固的分散式儲存網路。

5.4　Filecoin 技術體系總覽

本節將介紹 Filecoin 協定的技術解決方案。首先我們從宏觀上了解一下 Filecoin 的相關概念和運作機制。Filecoin 是從比特幣和以太坊上面發展而來的，又經過了很多創新性工作，理解起來有一定難度。但是，不用擔心，透過本節內容的學習，你將會全面掌握 Filecoin 協定。

5.4.1　Filecoin 系統基本概念

先介紹一下 Filecoin 系統涉及的基本概念及解釋。

1）去中心化儲存網路（DSN）：去中心化儲存網路的全稱是 Decentralized Storage Network。DSN 是礦工和使用者之間處理業務邏輯的部分，功能是呼叫各個元件和與使用者互動。

2）檢索礦工：檢索礦工向網路提供資料檢索服務，透過與使用者資料下載進行交易獲取使用者支付的資料下載費用。實際上是銷售自己的網路頻寬。

3）儲存礦工：儲存礦工透過抵押一部分代幣向網路提供可出售的儲存空間。在儲存空間被使用者購買後獲取使用者支付的交易費用。

4）檢索市場：使用者和檢索礦工在鏈下交易的訂單匹配機制。

5）儲存市場：使用者和儲存礦工進行鏈上交易的訂單匹配機制。

6）使用者：使用 Filecoin 代幣從礦工處購買儲存空間或者付費下載資料的節點。

7) 抵押：儲存礦工將自己的裝置提交到 Filecoin 網路接受訂單的時候，需要附上一定量的抵押品（Filecoin 代幣），用來約束儲存礦工的行為。

8) 複製證明：根據特定演算法的計算結果。儲存礦工用來證明自己儲存了某一些特定資料。

9) 時空證明：在複製證明的基礎上計算得到的結果。儲存礦工用來證明在特定時間內自己儲存了特定資料。

5.4.2　Filecoin 交易市場執行簡介

首先定義 Filecoin 系統的參與者：檢索礦工、儲存礦工和使用者。比特幣系統只有一種礦工，而 Filecoin 系統有兩種礦工。圖 5-2 所示完整描述了 Filecoin 系統的執行流程。該圖以 Filecoin 區塊鏈為分界線，分為上半部分和下半部分。上半部分描述了儲存市場的工作流程和參與方的協作過程；下半部分描述了檢索市場的工作流程和參與方的協作過程。

儲存市場工作流程如下。

1) 儲存礦工提交報價單（ask）：檢索市場是鏈上市場（on chain）。何為鏈上市場？鏈上市場指的是該市場存在於區塊鏈本身，是一個交易撮合市場。首先礦工節點抵押一定的代幣將自己需要出售的儲存空間提交到區塊鏈上面，區塊鏈記錄該礦工的可售空間並且鎖定礦工的抵押代幣。

2) 使用者提交出價單（bid）：使用者根據自己對儲存空間的需求（需要多少儲存空間、儲存多長時間、冗餘度多少）向區塊鏈提交購買訂單，同時附上願意支付的代幣數量。區塊鏈記錄使用者的訂單，同時鎖定使用者提交的待支付代幣。

3) 區塊鏈進行訂單匹配：區塊鏈根據一定規則，將出價和售價一致的使用者和礦工的訂單匹配。生成成交訂單，雙方附上自己的數位簽章。接下來使用者發送資料到礦工，礦工接收資料儲存並且給出資料已儲存的證明（複製證明）。

4）支付階段：礦工儲存完成後，該訂單寫入區塊鏈永久儲存，區塊鏈清算支付結果。此後礦工需要不斷地向網路證明（時空證明）自己一直儲存著使用者的資料，直到該資料儲存合約到期。

檢索市場工作流程如下。

1）**使用者和礦工分別對網路廣播出價單（bid）和報價單（ask）**：檢索市場是鏈下市場（off chain）。鏈下市場指的是該市場不存在於區塊鏈上面。由於實際的應用對於資料讀取（下載）需求是即時需求（比如，進入一個電商網站，頁面載入時間超過 6 秒，跳出來就會高達 70%），如果跟儲存市場一樣設為鏈上市場，將對資料下載服務的效率產生極大影響。檢索市場之所以可以設計為鏈下市場，得益於 Filecoin 算力證明的巧妙設計，後面會詳細介紹。鏈下市場存在於使用者和礦工之間。使用者和礦工直接向網路廣播訂單，並且將自己收到的訂單儲存到自己的訂單列表裡面。雙方會時刻檢查是否有訂單匹配（例如，礦工檢查自己接收到的使用者訂單和自己已有的資料之間是否匹配），如果發現訂單匹配，則表示礦工可以為該使用者提供資料服務，礦工則發起交易請求，雙方透過數位簽章達成交易。

2）**資料傳輸和支付**：使用者和礦工達成交易後，雙方直接建立資料傳輸和支付通道。將交易資料分片和支付代幣分為小額的方式（微支付）分多次交易，直到資料交易完成。這裡解釋一下為什麼使用微支付的方式進行交易，而不是一次性交易完成。從效率上一次性支付完成顯然要高於微支付，由於鏈下交易在交易的過程沒有區塊鏈的參與認證，為了防止交易雙方作弊（例如使用者收到了資料不支付代幣，或者礦工收到了代幣不提供資料下載服務），因此使用微支付的方式進行，只要發現對方在某一支付環節出現問題，就可以立即終止交易。

3）**交易和訂單提交區塊鏈**：資料交易完成後，訂單和交易提交區塊鏈記錄。區塊鏈對交易驗證並且最終清算支付結果。

以上就是 Filecoin 協定的基本執行流程。需要重點說明的是：儲存礦工需要抵押代幣以出售自己的儲存空間，並且要求儲存礦工在合約期內一直儲存著使用者的資料；檢索礦工不要求抵押，對於資料也不要求始終儲存。簡單來講，儲存礦工是出售自己的儲存空間獲取收益，而檢索礦工是透過出售自己的流量來獲取資料。一個礦工節點可以單獨做儲存礦工，也可以單獨做檢索礦工，也可以同時做儲存礦工和檢索礦工。在這裡筆者建議礦工同時參與檢索和儲存市場。

4）**檢索礦工提供服務的資料來源**：自己作為儲存礦工儲存的資料、從檢索市場購買的資料或者自己從別處獲取的資料。簡單理解，檢索礦工類似於為 BT 軟體提供種子的節點。

5.4.3 Filecoin 區塊鏈資料結構

比特幣區塊內容非常簡單，由一些中繼資料和交易資料組成。相比較來說，Filecoin 的區塊資料要複雜很多，如圖 5-2 所示。Filecoin 區塊封包含三部分內容。

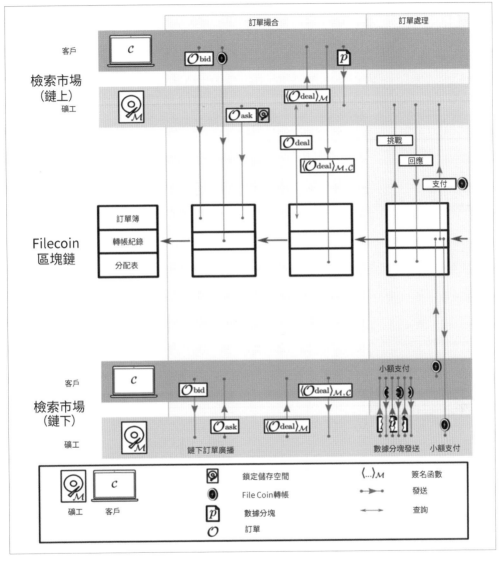

圖 5-2 Filecoin 協定流程

❑ 訂單簿（Order）：使用者和礦工之間的交易訂單的集合，用來記錄使用者和礦工之間的交易訊息。

❑ 轉帳記錄：Filecoin 代幣的轉帳記錄，跟比特幣的交易記錄一樣。

❑ 分配表（AllocTable）：該表記錄著全網所有礦工的資料儲存情況。

Filecoin 協定裡面的區塊資料儲存了這三種資料。需要注意分配表的效能。由於需要記錄全網所有資料的儲存情況，分配表的設計需要在效能和占用的儲存空間之間進行平衡。這個會在下面章節中詳細闡述。

5.4.4　Filecoin 區塊鏈執行原理

Filecoin 的區塊鏈的執行本質上與位元的執行原理是一致的。本節先從宏觀上了解一下 Filecoin 的區塊鏈是如何執行的。在挖礦過程中，隨著一個個的區塊資料被儲存礦工挖出來，區塊的資料鏈不斷成長，如圖 5-2 中間部分所示。

共識機制是區塊鏈的核心部分。這裡需要強調的一點是，在 Filecoin 協定裡面，檢索礦工不參與與共識機制，只有儲存礦工參與共識機制。Filecoin 的共識協定底層實質是 PoS，即權益證明。不同的是，Filecoin 的權益證明裡面的 "S" 為儲存（storage）。具體流程為：在每一輪的出塊權競爭上，全體礦工根據自己的儲存算力來競爭區塊鏈的出塊權。本輪勝出的礦工進行出塊並全網廣播，其他礦工驗證並接受結果。在這個流程裡面，Filecoin 協定的關鍵是「算力」的定義和證明，「算力」即礦工的貢獻度量（比特幣協定是根據礦工貢獻的計算量大小來度量的，即 PoW 機制）。

從理論上來講，Filecoin 協定完全可以使用任何已有的算力機制，例如 PoW。但是，Filecoin 在算力定義上面做了一個非常巧妙的設計，這也為 Filecoin 協定的設計實現帶來了非常大的難度，當然也帶來了無法估量的好處，因為不需要像 PoW 那樣耗費大量的計算能力和能源了。

Filecoin 的算力：儲存礦工的有效資料儲存量。這裡涉及複製證明和時空證明兩個概念（在後面的章節裡面有詳細講解）。Filecoin 協定使用複製證明來證明儲存礦工目前時間的儲存量大小，使用時空證明（一連串的複製證明）來證明一段時間記憶體儲礦工的算力大小。在儲存礦工參與共識機制的時候，使用時空證明的結果來提交算力證明。

5.5 去中心化儲存網路協定（DSN）

本節詳細講解 DSN 協定工作方式和實現方式。DSN 在整個 Filecoin 協定裡面起著重要的管理、溝通作用，是 Filecoin 協定的協調中樞。DSN 提供了三個基本操作：Put、Get 和 Manage。使用者、礦工在使用 Filecoin 時，無須關注區塊鏈複雜的內部設計，只需要直接呼叫這三個介面即可。

❏ Put：處理儲存訂單和執行儲存操作，主要針對儲存市場。提交訂單、撮合訂單、資料傳輸，都是透過 Put 操作實現的。

❏ Get：用於處理檢索訂單操作，主要針對檢索市場。

❏ Manage：負責網路管理功能，包括訂單檢查、訂單失效處理、擔保品抵押、扇區封存等。一切對於維護網路的功能都由 Manage 封裝。

在具體的實現上，Put 與 Get 區別較大。Put 訂單每次操作都需要在區塊鏈上得到確認，而 Get 因為對實效要求較高，所以採取鏈下廣播並使用鏈下支付通道付款。

透過圖 5-3 我們就能直觀理解 DSN 網路和 Filecoin 其他各個元件之間的聯繫。無論是礦工、使用者還是網路其他節點，他們的一系列業務邏輯被定義在 DSN 中，例如轉帳、提交證明、檔案存取和抵押擔保品。我們以提交儲存證明為例，礦工接收到使用者傳輸的資料後，需要封存該扇區，此時需要先呼叫 Manage 協定中封存扇區的函數。而 DSN 會進一步執行證明機制，獲取儲存證明。關於區塊鏈和市場的操作同樣如此。

在本節我們學習 DSN 與 Filecoin 其他元件之間的呼叫關係，同時為大家介紹 DSN 協定的 3 組操作、資料結構和故障處理，以及使用者、儲存礦工、檢索礦工和網路節點之間的業務邏輯。

5.5.1　Put、Get、Manage 操作

Put、Get 和 Manage 是 DSN 最主要的部分，Put 包含儲存資料以及與儲存訂單相關的操作；Get 用於檢索資料以及關於檢索訂單相關的操作；Manage 是網路管理協定，用於處理擔保品、儲存證明、訂單修復和容錯。DSN 的各類操作都是基於 Put、Get 和 Manage 展開的。區塊鏈資料中的分配表記錄的儲存礦工資料的最小單位是扇區（Sector，扇區是從磁碟讀寫的基本單位引申而來的），扇區是儲存礦工為 DSN 提供的有擔保的可用的儲存空間。

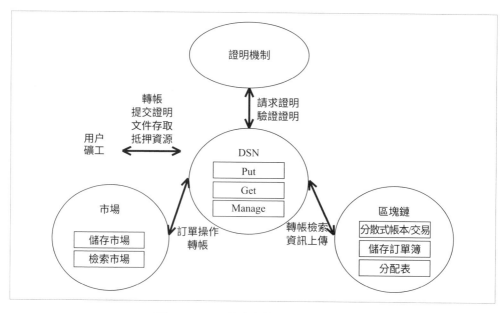

圖 5-3　DSN 協定與其他元件的關係

1) Put(data) → key：用戶端執行 Put 協定，返回資料標識符 Key，透過 Key 可以再次檢索該資料。Put 操作包括以下定義。

❏ Put.AddOrders ：添加儲存訂單操作。輸入為礦工報價單、使用者出價單和成交訂單。該操作會將它們提交到訂單簿。對於儲存訂單，執行訂單操作會同時提交訂單到區塊鏈上。

❏ Put.MatchOrders：儲存訂單匹配操作。輸入為使用者的出價單和礦工的報價單，輸出為成交訂單。該操作對本機的訂單簿進行撮合成交，輸出成交訂單列表。

❏ Put.Sendpieces：發送資料操作。輸入參數為待儲存的資料、已經匹配的礦工的報價單和使用者的出價單，輸出為使用者簽名的成交訂單。呼叫該操作時，先等待礦工對成交單簽名，並建立連線。最後提交由雙方簽名的成交訂單到區塊鏈，並發送資料。

2）Get(key) → data：用戶端執行 Get 協定從 Filecoin 網路裡面檢索資料。Get 操作包括如下定義。

❏ Get.AddOrders：添加檢索訂單。輸入為礦工報價單、使用者出價單和成交單，將它們提交到訂單簿。對於檢索訂單，執行訂單操作會向目前連線的其他節點廣播。

❏ Get.MatchOrders：匹配訂單。輸入為礦工報價單、使用者出價單和成交單，輸出為成交訂單列表。呼叫該操作可以對節點本機訂單簿進行撮合成交，輸出成交訂單。

❏ Get.ReceivePieces：接收資料操作。輸入為資料塊和已經匹配的報價單和出價單，輸出為由使用者簽名的成交訂單。呼叫該操作時，先等待礦工對成交單簽名，並建立連線，然後進行小額支付，並傳輸資料。

3）Manage：協調以及管理網路協定。這部分包括驗證儲存證明、抵押操作、訂單資料遺失的修復等。Manage 操作定義如下。

❏ Manage.PledgeSector：添加抵押品。輸入為目前分配表，輸出為添加抵押品後的分配表。該過程用於儲存礦工添加抵押品，獲取網路分配的儲存空間。

❏ Manage.SealSector：封存資料操作。輸入為礦工密鑰、分配表、扇區序號，輸出為密封證明和扇區根雜湊。該過程用於封存扇區儲存空間，封存後的儲存證明提交到區塊鏈以後，會隨機被驗證者驗證。

❏ Manage.AssignOrders：分配訂單。輸入為成交單以及目前的分配表，輸出為新的分配表。分配訂單操作將成交單提交到分配表中。

❏ Manage.RepairOrders：修復訂單。輸入為目前時間戳、目前帳本和目前分配表，輸出為新的分配表和修復後的訂單。

❏ Manage.ProveSector：證明扇區。輸入為礦工密鑰、隨機挑戰驗證、扇區序號，輸出為該扇區的儲存證明。

以上是對 Put、Get 和 Manage 中具體操作介面的描述。

5.5.2　拜占庭問題與儲存錯誤

作為區塊鏈專案，節點之間的資料一致性問題是無法迴避的問題，即拜占庭問題，也是區塊鏈的核心問題之一。Filecoin 也不例外。與比特幣系統不一樣的是，Filecoin 除了需要解決拜占庭問題，還需要解決自身特有的系統錯誤。

❏ **拜占庭問題**：拜占庭問題主要解決區塊鏈不同節點之間資料一致性問題。中本聰在比特幣白皮書中提出了礦工使用算力參與競爭出塊權來解決拜占庭問題的方法。Filecoin 的拜占庭問題與比特幣系統類似，此處不再詳述。在 Filecoin 的 DSN 協定中使用了預期共識（Expected Consensus），只有新區塊中包含的提交，才能被其他節點認可。

❏ **儲存錯誤**：儲存礦工因意外遺失資料，檢索礦工無法提供檢索服務，例如惡意礦工攻擊網路或者儲存礦工暫時離線等。該類錯誤在 Filecoin 中會普遍存在。因為礦工節點不可能 100% 保證在線上，一旦某一儲存礦工離線，那麼他所儲存的資料也將離線，無法使用，即所謂的單點失效。在 Filecoin 協定中也需要避免單點失效問題。多重備份和多重檢索可有效降低儲存故障的風險。為此，Put 和 Get 協定可以使用參數，有兩個參數 f 和 m 可供使用者選擇。每一份訂單可以設定 m 份冗餘。允許其中的 f 份失效。這個類似常見的 raid 協定。具體的方式取決於協定的最終實現。

5.5.3　DSN 協定中的兩類基礎操作

DSN 對資料的基礎操作有兩類：儲存操作（Put）和檢索操作（Get）。下面我們來學習一下它們的實現方式。

1. 資料儲存操作

客戶透過 Put 協定向儲存市場的訂單簿提交出價單。當找到礦工的匹配報價訂單的時候，網路提交雙方簽署成交單到區塊鏈儲存市場訂單簿。隨後客戶會點對點地把資料發給礦工。在訂單中，使用者可以指定儲存時長或代幣數量、獨立的複製個數等。

客戶儲存操作的過程是：呼叫 Put.AddOrders 添加訂單至訂單簿；呼叫 Put.MatchOrders 匹配成交單；呼叫 Put.SendPieces 發送檔案片段。

Put.AddOrders 用於添加儲存訂單，其輸入是訂單資料結構的列表，輸出為布爾類型列表。執行 Put.AddOrders 過程時，DSN 會將訂單廣播給其他節點，等待下一次新區塊產生時，提交到區塊鏈訂單簿中。這與在區塊鏈提交交易的過程類似。過程最終返回布爾類型列表，代表是否添加成功。

Put. AddOrders：

輸入：訂單列表 $O^1,...,O^n$

輸出：添加成功標誌 $b=\{0,1\}^n$

過程：

1）令 $tx_{order}:=O^1,...,O^n$

2）提交 tx_{order} 至帳本 L

3）等待添加

4）等待回復，若是 1，表示添加成功；否則失敗

Put.Match 用於匹配成交單，輸入為目前區塊鏈訂單簿中尚未匹配的報價單（賣單）和出價單（買單）。成交的條件是，賣單價格低於或等於買單，並且賣單提供的容量大於等於買單容量。儲存訂單匹配服從撮合交易的原則。輸出為匹配訂單的集合。

Put. MatchOrders：

輸入：目前儲存市場訂單簿，待匹配訂單 $\{O^1,...,O^n\}$

輸出：匹配訂單集合 $\{O^1,...,O^n\}$

過程：

1）如果 O^q 為報價單，則選擇出價單價格低於或等於 $O^q.price$ 同時空間大於 $O^q.price$

2）如果 O^q 為出價單，則選擇報價單價格高於或等於 $O^q.price$ 同時空間小於 $O^q.price$

3）輸出匹配的訂單集合

Put.SendPiece 用於生成成交單，並且構建連線使用者和礦工之間連線，並且發送檔案。輸入為報價單、出價單和資料片段。具體過程如下，使用者首先從報價單中獲取礦工簽名，將成交單和資料片段指紋發送給礦工。等待礦工簽名後，簽名後的成交單發回使用者。使用者檢查合法後，輸出成交單，並建立連線，向礦工發送檔案。該過程輸出為由礦工簽署的成交單。

Put.SendPiece：

輸入：報價單 O_{ask}、出價單 O_{bid}、資料片段 p

輸出：由 M 簽署的成交單 O_{deal}

過程：

1）從 O_{ask} 獲取 M 的簽名

2）發送 O_{ask}、O_{bid}、p 給 M

3）接受由 M 簽名後的成交單 O_{deal}

4）檢查其是否合法

5）輸出成交單 O_{deal}

6）建立連線，發送檔案

2. 資料儲存操作

使用者可以透過使用 Filecoin 向檢索礦工付費來提取資料。用戶端透過執行 Get 協定向檢索市場訂單簿提交出價單。這裡與儲存服務不同，檢索服務需要即時性，不適合在區塊鏈實現。因此，檢索服務是由使用者向網路廣播訂單，然後由使用者與礦工構成點對點連線後，透過組建支付通道，邊發送檔案，邊進行小額支付實現的。這個過程只在最後結算時才向區塊鏈確認。

使用者讀取檔案的操作過程是：呼叫 Get.AddOrders 添加訂單至檢索訂單簿；呼叫 Get.MatchOrders 匹配成交單；呼叫 Get.SendPieces 接收檔案片段。

Get.AddOrders 用於添加檢索訂單。前面我們提到，檢索訂單無須區塊鏈確認，不同節點視野中的訂單簿可能不同。之所以這樣處理，是因為檢索訂單對時效性要求較高，過多進行區塊鏈操作對使用者體驗影響過大。添加檢索訂單的輸入是訂單列表，該過程無輸出。呼叫該過程後，DSN 會將訂單廣播給其他節點。

Get. AddOrders：

輸入：訂單列表 $O^1,...,O^n$

輸出：無

過程：

1）令 $tx_{order}:=O^1,...,O^n$

2）向網路廣播 tx_{order}

Get.MatchOrders 用於匹配訂單，輸入為本機檢索市場訂單簿未匹配訂單集合，輸出為匹配訂單集合。該過程執行撮合交易，這裡與 Put.MatchOrders 類似。

Get. MatchOrders：

輸入：本機檢索市場訂單簿，待匹配訂單 $\{O^1,...,O^n\}$

輸出：匹配訂單集合 $\{O^1,...,O^n\}$

過程：

1）如果 O^q 為報價單，則選擇出價單價格低於或等於 O^q.price 同時空間大於 O^q.space

2）如果 O^q 為出價單，則選擇報價單價格高於或等於 O^q.price 同時空間小於 O^q.space

3）輸出匹配的訂單集合

Get.ReceivePiece 用於向礦工檢索具體檔案。前面我們經過訂單提交和訂單匹配，獲取了雙方都滿意的檢索訂單。首先，使用者用報價單與出價單生成成交訂單，並獲取礦工的身份和簽名。接下來，使用者與礦工之間建立起小額支付通道，小額支付通道採用鏈下支付方式，用以減輕主鏈交易數量，提高效率。每次使用者接收礦工的一個檔案片段，會對檔案片段驗證，並向礦工提交證明和微支付。

Get.ReceivePiece：

輸入：C 的簽名密鑰，訂單簿，報價單 O_{ask}，出價單 O_{bid}，資料片段雜湊 hp，資料片段 p

輸出：資料片段 p

過程：

1）建立成交單 $O_{deal}=\{O_{bid},O_{ask}\}$

2）從 O_{ask} 獲取礦工簽名和身份

3）與礦工建立小額支付通道

4）每次從礦工處接收檔案片段 p

　　① 檢查成交單是否匹配 O_{ask}、O_{bid}

　②　檢查儲存證明是否對應該檔案片段

　③　對該檔案片段的儲存證明簽名，發送給礦工

　④　進行一次微支付

5）輸出 p

5.5.4　儲存節點操作協定

本節說明儲存節點的四類操作協定，包括添加擔保品、接受訂單、密封資料片段及提供儲存證明。

1. 添加擔保品

儲存礦工在進行儲存交易之前，必須先在區塊鏈上存放擔保品，礦工透過呼叫 Manage.PledgeSector 擔保。這樣做的目的是防止礦工惡意接受訂單，造成使用者資料遺失，或不能正常提供服務。擔保品的抵押時限是提供服務的時間。如果礦工為他們儲存的資料生成儲存證明，這部分抵押品就會返還給使用者；如果儲存證明失敗了，就會扣除一定數量的抵押品作為懲罰，並將其作為使用者的補償。

Manage.PledgeSector 是這一操作的介面，它的輸入為目前設定表、抵押資產 Pledge。執行 PledgeSector 後，會生成一條抵押交易提交到區塊鏈帳本，交易金額與抵押金額相同。交易訊息和抵押資產一併添加至 AllocTable 中。輸出為更新後的 AllocTable。

Manage.PledgeSector：

輸入：設定表 AllocTable，抵押操作 Pledge

輸出：更改後的設定表 AllocTable`

過程：

1）複製 AllocTable 至 AllocTable`

2）令 tx_{pledge}:=(pledge)

3）提交 tx_{pledge} 到帳本

4）添加新的抵押扇區至 AllocTable`

2. 接受訂單

儲存節點會向儲存市場和區塊鏈提交報價單，訂單成交後，成交單會提交到區塊鏈確認。使用者則開始發送自己的檔案資料，儲存礦工接收到資料，執行 Put.ReceivePiece。資料被接收完之後，礦工和使用者簽收訂單並將其提交到區塊鏈。

儲存節點接受訂單的流程：提交儲存訂單到區塊鏈 Put.AddOrders；匹配訂單 Put.MatchOrders；接收檔案片段 Put.ReceivePiece。AddOrders 和 MatchOrders 都與使用者執行操作相同。

Put.ReceivePiece 用於接收儲存礦工的儲存資料，其輸入參數有礦工簽名密鑰、訂單簿、報價單、出價單及資料片段。呼叫該方法後，DSN 會首先檢查出價單的合法性，隨後儲存檔案，同時生成成交單，並將儲存檔案指紋放入成交單中。出價單獲取使用者的身份，將成交單發給使用者。

Put.ReceivePiece：

輸入：M 的簽名密鑰，訂單簿，報價單 O_{ask}，出價單 O_{bid}，資料片段 p

輸出：由客戶 C 和礦工 M 共同簽署的成交單 O_{deal}

過程：

1）檢查 O_{bid} 是否合法（是否在訂單簿中；是否沒有被其他成交單引用；空間大小是否和 p 一致；是否是由 M 簽署的）

2）在本機儲存 p

3）生成成交訂單 $O_{deal}:=\{O_{bid}, O_{ask}, H(p)\}$

4）從 O_{bid} 獲取使用者 C 的身份

5）發送 O_{deal} 給 C

3. 密封資料片段

儲存空間被分為多個扇區，並存放 DSN 傳來的資料片段。網路透過分配表來跟蹤每個儲存礦工的扇區。當某個儲存礦工的扇區填滿了，這個扇區就被密封起來。這一操作需要一定的時間，對應儲存證明部分的 Setup 操作。將扇區中的資料轉換成為唯一且獨立的副本，然後將資料的唯一物理副本與儲存礦工的公鑰相關聯。密封的目的是，給儲存證明設定一些難度，防止礦工進行儲存攻擊。密封的時間會遠長於挑戰過程給定的時間。只有密封並且儲存獨立副本的礦工，才能透過挑戰；而期望使用一個副本來接收多個訂單的礦工不能透過挑戰，無法按時生成儲存證明。

Manage.SealSector 為密封函數，它的輸入為礦工密鑰、扇區序號，以及目前分配表。其過程如下：現在礦工希望對 S_j 扇區進行扇區的密封。首先，我們找到全部的檔案片段；接著，我們對檔案片段進行可驗證時延加密（加密時間長，解密時間短）。其輸出該扇區的儲存證明，呼叫時空證明 setup 操作。

Manage.SealSector：

輸入：礦工 M 的公鑰私鑰對，扇區序號 j，設定表 AllocTable

輸出：根雜湊 rt，證明 π_SEAL

過程：

1）在扇區 S_j 找出全部資料片段 $p^1, ..., p^n$

2）令 $D:=\{p^1 \|..\| p^n\}$

3）計算 $(R, rt, \pi_{SEAL}):=PoSt.Setup(M, pk_{SEAL}, D)$

4）輸出 π_{SEAL}, rt

4. 證明

當礦工分配好資料後，礦工需要持續生成儲存證明，以確保他們沒有在兩次提交證明之間遺失了資料。生成的儲存證明會同步到區塊鏈上，由網路驗證。

Manage.ProveSector 函數為生成某一扇區的儲存證明，其輸入為礦工的密鑰、扇區序號，以及由驗證者提供的挑戰。該過程呼叫後，生成這一扇區的時空證明。生成時空證明時使用的是可驗證時延加密的證明函數。輸出為時空證明。

Manage.ProveSector

輸入：礦工 M 的公鑰／私鑰對 $\mathrm{pk}_{\mathrm{PoSt}}$，扇區序號 j，挑戰 c

輸出：π_{PoSt}

過程：

1）從 R 中找出扇區 j

2）計算 $\pi_{\mathrm{PoSt}}:=\mathrm{PoSt.Prove}(c,\mathrm{pk}_{\mathrm{PoSt}},\delta_{\mathrm{proof}})$

3）輸出 π_{PoSt}

5.5.5　檢索節點操作協定

與上述過程類似，這裡我們給出檢索節點的協定，接受訂單，發送訂單。

1. 接受訂單

檢索礦工從檢索市場得到獲取資料的請求，其會生成報價單，然後向網路廣播。同時，檢索節點也會監聽網路的其他節點發來的訂單，如果這些訂單中有與自己的訂單匹配的，則接受。

檢索節點處理檢索訂單的流程如下：呼叫 Get. AddOrders 添加檢索訂單；呼叫 Get.MatchOrders 匹配檢索訂單；Put.SendPieces 與使用者構建交易通道，並發送檔案。

Get. AddOrders 用於添加檢索訂單。前面我們提到，檢索訂單無須區塊鏈確認，不同節點視野中的訂單簿可能不同。添加檢索訂單的輸入是訂單列表，該過程無輸出。呼叫該過程後，DSN 會將訂單廣播給其他節點。Get. AddOrders 與使用者操作一致。

Get. AddOrders：

輸入：訂單列表 $O^1,...,O^n$

輸出：添加成功標誌 $b=\{0,1\}$

過程：

1）令 $tx_{order}:=O^1,...,O^n$

2）廣播 tx_{order}

接著，檢索節點會檢查他們的訂單是否匹配使用者發出的出價單。Get. MatchOrders 操作與使用者操作也是一致的，在這裡不贅述了。

Get. MatchOrders：

輸入：目前儲存市場訂單簿，待匹配訂單 $\{O^1,...,O^n\}$

輸出：匹配訂單集合 $\{O^1,...,O^n\}$

過程：

1）如果 O^q 為報價單，則選擇出價單價格低於或等於 O^q.price 同時空間大於 O^q.space 的訂單

2）如果 O^q 為出價單，則選擇報價單價格高於或等於 O^q.price 同時空間小於 O^q.space 的訂單

3）輸出匹配的訂單集合

2. 發送訂單

一旦訂單匹配，檢索礦工就與使用者建立支付通道，將資料發送給使用者，並且透過數筆小額訂單完成交易。當資料被接收完成，支付通道斷開，轉帳計入區塊鏈中。如果礦工停止發送，或使用者停止付款，那麼目前檢索中止。

Put.SendPiece 用於生成成交單，並且構建連線使用者和礦工之間連線，並且發送檔案。輸入為報價單、出價單和資料片段。具體過程如下：首先從要加單中獲取使用者簽名，將成交單和資料片段指紋發送使用者。使用者簽名後將成交單發回礦工。礦工檢查合法後，輸出成交單，並建立連線，向使用者發送檔案。過程輸出為由礦工簽名的成交單。

Put.SendPiece：

輸入：報價單 O_{ask}、出價單 O_{bid}、資料片段 p

輸出：由 M 簽署的成交單 O_{deal}

過程：

1) 從 O_{bid} 獲取 C 的簽名

2) 發送 O_{ask}、O_{bid} 給 C

3) 接受由 C 簽名後的成交單 O_{deal}

4) 檢查其是否合法

5) 對多個資料片段 p，分別發送

　　① 建立連線，發送檔案

　　② 生成並發送 p 的儲存證明

5.5.6　網路操作協定

網路其他節點主要的功能是分配儲存空間和修復訂單，其具體操作如下。

1. 分配

網路將使用者的資料片段分配給儲存礦工的扇區。使用者透過呼叫 Put 向儲存市場提交出價單。當報價單和出價單匹配的時候，參與的各方共同承諾交易並向市場提交成交單。此時，網路將資料分配給礦工，並將其記錄到分配表中。

Manage.AssignOrders 用於分配訂單，其輸入為成交單，以及目前設定表。新的訂單會首先經過合法性校驗，隨後添加到新的分配表中。

Manage.AssignOrders：

輸入：成交單 $O_{\text{Deal}}^{1},...,O_{\text{Deal}}^{n}$，目前設定表 AllocTable

輸出：更新後的設定表 AllocTable`

過程：

1）令 AllocTable` = AllocTable

2）對於每一個新的成交單 O_{Deal}^{i}

　　①驗證 O_{Deal}^{i} 的合法性

　　②獲取 M 的簽名

　　③添加新的訂單到 AllocTable`

3）輸出更新後的 AllocTable`

2. 修復訂單

設定表記錄在區塊鏈上，對所有參與人都是公開的。有時，礦工可能會遺失檔案，或不能及時提供證明。如果出現這類情況，網路會扣除部分抵押品，以此來懲罰礦工。如果大量證明遺失或長時間不能提供證明，網路會認定儲存礦工存在故障，如果網路尚有其他同樣的備份，會重新生成訂單；否則，將資金退還給使用者。

Manage.RepairOrders 用於修復訂單，其輸入為目前時間戳、目前帳本，以及目前設定表 AllocTable。執行 Manage.RepairOrders 後，對於設定表中每一條

AllocEntry，如果還沒有到需要檢查的時間，那麼直接跳過；如果需要檢查，則進行如下操作：首先更新此 AllocEntry 的時間戳，並檢查時空證明是否合法（是否在規定時間之內回饋，是否對應該檔案片段，能否透過可驗證時延加密的驗證）；如果該條目失效時間過長，標記為失效訂單；同時嘗試重新發起該訂單；最終輸出修復後的設定表。

Manage.RepairOrders：

輸入：目前時間 t，目前帳本 L，目前設定表 AllocTable

輸出：新的設定表 AllocTable`，修復後的訂單 $\{O^1_{deal},...,On_{deal}\}$

過程：

1）對於 AllocTable 中每一個條目 AllocEntry

  ① 如果不到下一次挑戰時間，跳過

  ② 更新 AllocEntry.time = now

  ③ AllocEntry 中，提交時空證明時間在限制之內，並且 PoSt.Verify(π) 合法

    ❑ 檢查透過，標記該條目為合法

    ❑ 檢查失敗，標記該條目為非法，並懲罰該礦工的擔保品

  ④ 如果 AllocEntry 失效時間長於 Δ_{fault}，標記為失效訂單

  ⑤ 嘗試重新發起該訂單

2）輸出更新後的設定表 AllocTable`，修復後的訂單 $\{O^1_{deal},...,O^n_{deal}\}$

5.6　Filecoin 交易市場

Filecoin 設計有兩個市場：儲存市場和檢索市場。它們資料結構相似，但具體設計和目的不同。在儲存市場裡，使用者和儲存礦工之間撮合交易用於完成儲存的操作並且管理儲存礦工提交的儲存證明；檢索市場用於檢索資料操作。兩

個市場均支援按出價、報價和市場價提交訂單。成交後，訂單系統會確保使用者的資料被礦工儲存，同時礦工也一定會獲得相應的報酬。

從系統的效率角度來看，將交易市場分為儲存市場和檢索市場是必要的。儲存節點和檢索節點在結構設計上區別較大。分開設計，可以讓礦工根據自己的裝置和網路情況自由選擇成為哪一類節點，這使得 Filecoin 協定的適用範圍更廣。

5.6.1 儲存市場

儲存市場允許使用者（買方）提交儲存訂單，礦工（賣方）貢獻出儲存資源。在這裡，我們主要回答儲存市場設計需求有哪些，及其實現的原理、具體的資料結構。

1. 儲存市場的需求

儲存市場協定需要滿足如下需求。

❏ 訂單簿上鏈：儲存礦工的訂單是公開，市場上每一個儲存訂單都對全部的使用者和儲存礦工公開；客戶的行為都必須反映到訂單簿上，即便是按市價成交的訂單，也必須先提交到訂單簿，最終成交單也需要提交到訂單簿。

❏ 儲存礦工提交抵押品：儲存礦工需要為自己的儲存空間提供抵押品。這是因為 DSN 系統要求儲存礦工提交一定數量的擔保品給 DSN，如果儲存礦工不能為資料提供儲存證明，DSN 會向礦工收取罰款，而這些罰款的來源就是抵押品。

❏ 故障處理：DSN 需要在訂單規定的時間之內重複請求儲存證明。當訂單出現問題時，通常是儲存節點無法提供合法的儲存證明，會執行故障處理操作，即針對儲存節點罰款，並在訂單簿上重新設定儲存訂單，然後向使用者退回相關款項。

2. 儲存市場資料結構

下面主要闡述儲存市場的兩類資料結構，分別是訂單和訂單簿。這兩個資料結構在前面已經多次提到，它們和其他品種的自由市場的定義是相似的。

(1) 訂單

訂單種類包含成交訂單、出價單（bid）和報價訂單（ask）三種。儲存礦工提交報價單出售服務，使用者提交出價單購買服務。如果兩個訂單對某一價格達成共識，雙方共同創立一個成交訂單。

出價單是使用者用來購買儲存服務並提交到區塊鏈網路的訂單，用來表示出價意向，形式如下：

$$O_{bid}:=<size, funds, price, time, coll, coding>C_i$$

❑ size：儲存資料的規模。

❑ funds：客戶 C_i 的代幣總量，客戶在帳戶內至少擁有 funds。

❑ time：檔案儲存的最大時間點，這一變數也可以預設不設定，意味著當訂單餘額用盡的時候檔案儲存將自動過期。time 時間應該晚於目前系統時間，同時要晚於系統最小儲存時間。

❑ price：Filecoin 儲存的出價單價格。如果不指定，網路將設定為目前最佳市場價。

❑ coll：礦工在該筆訂單上的抵押品。

❑ coding：該訂單包含的智慧合約程式碼。

報價單是由儲存礦工提交到區塊鏈帳單簿的訂單，用來表示礦工出售儲存服務的意向。報價單形式如下：

$$O_{ask}:=<space,price>M_i$$

❑ space：訂單中儲存節點 M_i 提供的儲存空間大小。

❑ price：礦工報價單的價格。

❑ M_i：目前已經在網路有抵押的擔保品，並且擔保品過期時間大於訂單時間。訂單儲存空間 space 必須小於此時 M_i 的可用儲存空間，即 M_i 已抵押儲存空間減去訂單簿中的訂單時間總和。

成交單是在儲存市場進行買單賣單撮合後，交給礦工和使用者在此簽名的訂單。成交單會分別交給礦工和使用者簽名後，提交到分配表中。成交單的形式如下：

$$O_{deal}:=<ask,bid,ts,hash>M_i,C_i$$

❑ ask：由 C_i 生成的報價單引用，報價單必須在儲存市場的訂單簿中，並且是唯一的，由 M_i 簽名。

❑ bid：由 M_i 生成的出價單引用，出價單必須在儲存市場的訂單簿中，並且是唯一的，由 C_i 簽名。

❑ ts：由 M_i 生成的訂單時間戳。這一設計目的在於，防止惡意使用者不將訂單提交到訂單簿，而直接使用儲存節點簽名過的成交單。這樣會導緻儲存礦工無法重用這一成交訂單的儲存空間了。此處 ts 就是為了防止這類攻擊，如果訂單時間超過 ts，這一訂單將被取消。

❑ hash：M_i 儲存資料的雜湊值。

(2) 訂單簿

訂單簿是目前公開的全部訂單的集合。使用者和礦工可以透過 AddOrders 和 MatchOrders 操作與訂單簿互動。新訂單被添加到訂單簿的操作，等價於一個新的訂單交易被新的區塊確認；同樣，撤單操作也就等價於訂單被區塊取消 / 過期；訂單成交也就是被新區塊鏈執行。

訂單簿的確認過程與轉帳交易過程是一樣的。礦工節點在更新區塊時，也會更新訂單簿。每個礦工需要監聽網路中的新區塊，並在本機維護訂單簿資料庫。這與其他區塊鏈帳本是相似的。

5.6.2 檢索市場

在檢索市場，使用者可以提交檢索片段請求，等待檢索礦工提供服務。檢索礦工可以是網路上任何一個使用者，而不需要是儲存礦工本身。他不需要像前面提到的儲存礦工那樣，按一定週期提供儲存證明。檢索節點能直接透過提供檢索服務獲取 Filecoin 獎勵。

檢索市場與儲存市場不同，在檢索市場訂單無須提交到區塊鏈確認，而是透過訂單廣播實現。每次使用者有檢索需求時，無須經歷儲存訂單的煩瑣過程。檢索訂單需要快速響應，也不需要提供儲存證明。

那麼檢索訂單如何確保服務和交易都完成？檢索訂單在撮合後，檢索礦工與使用者之間會建立起支付通道，在鏈下完成交易。方法與其他加密數位貨幣的支付通道相同。即使用者向網路提交一份合約，每次使用者和礦工之間發生的交易都記錄在合約中，在交易通道關閉時，他們的餘額會一併清算完成。這樣能大大提高交易速度。

在檢索訂單支付是類似的方法，每次檢索操作，檢索礦工將資料分成小塊。每傳輸一次，使用者發起一次小額的鏈下支付通道上的交易。如果礦工停止傳輸資料，或使用者停止付費，則雙方交易終止。這樣就能確保使用者發送的金額與礦工提供的服務是等價的。

下面我們繼續介紹檢索市場的需求及訂單結構。

1. 檢索市場需求

檢索市場相對於儲存市場而言有不同的需求。首先，相比於儲存，使用者更期待檢索操作能得到快速響應；檢索運算元目更多，更頻繁；檢索的費用相比於儲存而言是小額支付等。設計檢索市場主要考慮如下幾個需求。

❑ **鏈下訂單**：使用者和檢索礦工之間以雙方定價撮合完成交易，而不需要透過區塊鏈來確認。這是因為透過區塊鏈提交訂單簿，並且等待撮合的過程會有較大的延時，這並不適合檢索的要求。

❑ **無信任方的檢索**：儲存市場裡，為驗證儲存的合法性，引入了驗證者這一角色。而檢索市場則沒有這一設定，礦工和使用者之間交換資料不需要網路驗證者見證。網路要求儲存礦工將檢索的資料分割成多個部分，並且每一部分完整地發給使用者，便可以得到支付獎勵。如果礦工和使用者中的任何一方中止支付或者停止發送資料，則任何一方都能中止這一項交易請求。

❑ **支付通道**：當客戶提交檢索付款時，系統將會立即開始檢索詢問的檔案碎片。檢索礦工只有在收到付款時才會發送檔案。由於效能的要求，這一功能顯然不能直接從區塊鏈主鏈上實現。這時就需要鏈下支付通道來支援快速支付。

2. 檢索市場訂單資料結構

同樣，在檢索市場也有出價單、報價單和成交單。我們下面介紹檢索市場訂
單。相比儲存市場，檢索市場業務邏輯更簡單，因此訂單也更簡潔。

出價單是客戶透過廣播，表明檢索出價意願的訂單。出價單包括資料索引和價
格。這裡的索引是 multi-hash 類型，它也是 IPFS 用於檢索的檔案摘要。

$$O_{bid}:=<piece,price>$$

❏ piece：請求資料的索引，此格式為 multi-hash。

❏ price：使用者 C_i 一次檢索的出價。

報價單是檢索礦工透過廣播，表明礦工對一條檢索服務的報價，其中包括資料
索引和價格。索引也是 multi-hash 類型。

$$O_{ask}:=<piece,price>$$

❏ piece：請求資料的索引，此格式為 multi-hash。

❏ price：檢索礦工 M_i 一次檢索的報價。

成交單是檢索市場撮合後，分別交給使用者與檢索礦工確認的訂單。成交單包
括報價單和出價單的引用，並需要礦工和使用者分別簽名生效。

$$O_{deal}:=<ask,bid>M_i,C_i$$

❏ ask：由 C_i 生成的報價單 O_{ask} 引用。

❏ bid：由 M_i 生成的出價單 O_{bid} 引用。

5.7　Filecoin 區塊鏈共識機制

自從區塊鏈技術誕生以來，共識機制就成為區塊鏈需要解決的核心問題。目前，所有的區塊鏈系統都要圍繞這個問題運作，這是由區塊鏈本身的特點決定的。Filecoin 作為新一代區塊鏈技術，自然也是圍繞這個問題進行的。這一節我們重點來學習 Filecoin 的區塊鏈共識機制是如何設計和實現的。

前面的章節中介紹了 Filecoin 系統的區塊鏈的執行原理。本節的要討論的是區塊鏈的共識機制，即回答「Filecoin 究竟是如何產生新區塊的」。與工作量證明機制（PoW）不同，工作量證明機制中，大量算力只能用於維護網路安全，而不能產生其他對網路的貢獻。Filecoin 系統中，礦工需要時刻生成時空證明，我們也就能利用時空證明，統計各個礦工對全網儲存的貢獻度，進而以此設計共識機制。它的共識機制稱為期望共識（EC），而 Filecoin 區塊鏈實際上不是絕對意義的鏈，而是 DAG。其期望是，從數學角度來看，最佳狀態是每個時刻 Filecoin 只會產生一個區塊。當然也可能產生多個或者沒有。因此，在主鏈周圍會分布有一些小分支，不過它們都是帳本的一部分。下面我們詳細說明。

5.7.1　共識機制概述

目前工作量證明機制因為其消耗大量的能源，同時除了維護區塊鏈系統安全性外，沒有其他價值，這一點一直以來為學術界和工業界所詬病。Filecoin 試圖設計更合理的共識機制是在確保其拜占庭安全的同時，更加環保，並且對系統產生更大價值。有些區塊鏈專案開始探索新的方式，比如：將 PoW 機制中驗證先導零的工作改為發現新的質數；以太坊要求礦工在執行工作量證明同時，執行腳本程式。這些都是很有價值的改進，但浪費依舊巨大。

一個很直接的概念是要求礦工使用「儲存空間挖礦」，這樣礦工在經濟激勵下會致力於投入更多的儲存空間而不是計算能力，相比計算能力挖礦更節能。另一個嘗試是基於 PoS 權益證明的拜占庭協定，即下一個區塊中投票比重與其在系統中所占有代幣份額成正比。下面會描述，如何著手設計基於使用者資料儲存證明的共識協定。

這裡我們重點描述 Filecoin 區塊鏈的共識機制，與目前主流公有鏈協定（如 PoW、PoS）不同，Filecoin 選舉新區塊礦工是根據它目前已用儲存空間占全網儲存空間的比值決定的。它的共識機制被稱為期望共識（Expected Consensus, EC）。如此一來，礦工更願意投資在更大的儲存空間，而不是更大的計算力上。礦工提供儲存空間，同時礦工之間相互競爭更大的儲存空間，這對維護 Filecoin DSN 是有利的。

EC 共識機制的概念是：每個儲存礦工為網路提供的有效儲存空間占比，我們將其定義為儲存算力。透過查閱區塊鏈中合法的儲存證明，任何一個節點都能獲得並且驗證任意節點的儲存算力。在每個產生新區塊的週期內，礦工利用這一週期生成的儲存證明生成選票。每個礦工會檢查自己的選票的雜湊值是否小於該礦工的儲存算力，如果滿足，則說明該礦工當選本輪的領導節點，下一個區塊可以由該礦工建立並發送給全網其他節點進行驗證。

5.7.2 共識機制要解決的三個問題

執行共識機制只需解決三個問題：

❑ 計算礦工儲存算力。

❑ 確定每個礦工的時空證明。

❑ 執行 EC 共識機制。

下面我們分別敘述，如何解決這三個問題。

1. 儲存算力

Filecoin 定義挖儲存算力模型，假定 n 是全部網路礦工數，p_j^t 是 t 時刻礦工 j 的挖礦算力（即該礦工此時提供時空證明的容量 M_j^t）。儲存算力 P_i^t 定義為：

$$P_i^t = p_i^t / \sum_j p_j^t$$

之所以如此定義儲存算力，主要考慮以下三個特點：

❏ **儲存算力計算透明**。每個礦工的儲存算力和全網總儲存算力是公開的，任何時刻儲存算力都能透過區塊鏈訂單簿查看，這是完全公開的。

❏ **可驗證性**。礦工在特定時間段內需要生成儲存證明，因此通過驗證區塊鏈的儲存證明，任何節點都能驗證儲存算力計算是否合法。

❏ **靈活性**。任何時候礦工都可以很容易地提交報價單增加新的儲存空間，以期接受更多的訂單來增加自己的儲存算力。

PoW 機制也同樣滿足這三個特點。相比於 PoW，儲存算力在透明性上更優越，因為 PoW 的透明性是透過區塊生成的速度計算區塊鏈即時的算力，再對比本機算力來實現的算力透明化（這種根據出現速度來反向推導算力的做法存在一定誤差）；而在儲存算力的場景下，每位礦工的儲存算力都公開在區塊鏈上，只需統計鏈上資料即可得出礦工的精確算力。因此，EC 機制相比 PoW 機制在透明性上表現更好。

2. 時空證明容量

每間隔一定的區塊高度，礦工需要提交一次儲存證明，一次時空證明成功提交需要網路大部分儲存算力驗證合法性。每一個新區塊生成，都會更新目前分配表（AllocTable），包括添加新的儲存任務、刪除過期任務等。而計算時空證明容量 M_j^t，只需要查詢並驗證 AllocTable 中的紀錄即可。

具體有兩種方式。

1）**全節點驗證**：全節點會儲存完整區塊鏈日誌，進行全節點驗證需要從創世區塊到目前區塊回溯一次，再參考此時的 AllocTable。

2）**簡易儲存驗證**：一部分礦工並不會儲存完整的區塊資料，這些礦工或者節點被稱作輕節點。他們如何驗證時空證明的容量呢？如果此時是輕節點需要驗證時空證明，它們需要向網路全節點請求。請求內容包括以下三點：

❏ 目前 j 礦工在 AllocTable 中儲存任務的集合 M_i。

❏ 儲存到區塊狀態樹的梅克爾路徑，由此證明它是合法的。

❏ 從創始區塊到任務區塊的區塊頭。

如此，輕節點就能參與簡易時空證明驗證了。具體流程是：驗證各個區塊的合法性，從創始區塊到目前區塊的區塊頭是合法的；透過 PoRep 的驗證函數，驗證 M_i 中儲存任務是合法的，節點給出的儲存證明是有效的；驗證儲存任務，能透過給出的梅克爾路徑到達對應區塊的梅克爾根。這一過程與區塊鏈簡易驗證類似，如圖 5-4 所示。Task1 是輕錢包關注的任務，為驗證 Task1 的合法性，我們無須儲存全部的 Task，而是只需要灰色所示的一條雜湊路徑，達到區塊中的梅克爾根。由此就可以驗證儲存任務，或者儲存證明的合法性。

3. EC 共識機制

Filecoin 記帳節點採用類似於權益證明的方式，那些提供更大有效儲存的節點將會有更大機率贏得競選，同時獲得下一個區塊的記帳權，這一共識機制被稱作期望共識。礦工需要持續生成時空證明以確保它們儲存了檔案的備份，每一個儲存證明同時是產生下一個區塊的選票。

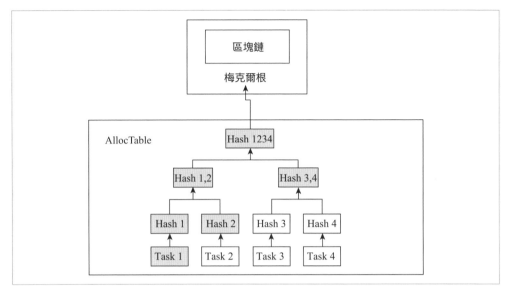

圖 5-4 簡易驗證的梅克爾樹

系統在每一個固定的時間段從全體礦工中競選出領導節點，每個時段選出的領導節點數期望是 1 個，當然，也可能會競選出多於 1 個或者是 0 個。若網路沒有選出領導節點，則添加一個空的區塊在鏈上；若選出多個領導節點，則出現分支。直觀地看出，由此產生的資料結構不再是鏈，而是有向無環圖。完美的情況是，每次剛好有一個領導節點產生，目前，這還是一個開放性問題（open issue），但是這並不影響 Filecoin 的上線。實際上，為了儘量減少分叉的出現，我們可以透過修改網路參數，使得分叉出現的機率儘可能小。競選出的領導節點負責新區塊的建立，並且廣播給全網。其他參與者透過對新區塊提交簽名來擴展它，一個區塊被大多數參與者確認了，那麼區塊就被確認。具體的競選演算法和驗證演算法，我們在下面給出。

競選演算法細節如下：

1）網路參與者透過儲存證明生成的選票 ticket，只有每次生成新的儲存證明時才能產生。

2）每位礦工驗證如下密碼學問題：

$$\text{Hash[sig(ticket)]} < \frac{p_i^t}{\sum p_i^t} * 2^L$$

其中：

ticket 為這一區塊的選票；

❏ $P_i^t = \frac{p_i^t}{\sum p_i^t}$ 是此時 i 礦工的儲存算力；

❏ L 為 Hash 函數輸出的結果，調節它可以改變網路的難度 sig 為礦工的簽名。

3）如果上述驗證透過，礦工節點生成 $\pi_i^t = \text{sig}(t, \text{ticket})$。

一個節點的儲存算力越大。競選成功的機率也越大。競選成功的機率近似於該節點儲存算力占全網總儲存算力的比例。例如，某節點的儲存算力占比是 0.25，那麼它的選票在經過簽名後，進行 Hash 運算，會近似於均勻分布地映射在 $[0, 2^L]$ 這一區間內。因此，該節點被選為領導節點的機率近似於 0.25。這一方式與權益證明（PoS）非常相似。

驗證演算法細節：網路節點每接受一個新的區塊，即可開始驗證它。

1）驗證簽名的合法性，π_i^t 是否由 i 礦工簽名。

2）檢查 P_i^t 是否是 t 時刻 i 礦工的儲存算力。

3）檢查對應儲存算力下密碼學問題是否通過。

EC 共識機制由有如下三個特性：

❏ **公平性**：每位參與者在每次選舉時都只有一次機會，最終的成功率與其儲存算力占比基本一致。在期望上，成功率與儲存算力大小是對等的，對網路貢獻越多的節點，越有可能當選為記帳礦工。

❏ **不可偽造**：驗證訊息由礦工私鑰簽名，其他人無法偽造。

❑ 可驗證性：被選舉出的領導節點的時空證明會提交給其他節點驗證，確保簽名一致，儲存證明一致，並滿足區塊產生條件。這一過程任何人都能夠很簡單地進行驗證。

5.8　複製證明（PoRep）和時空證明（PoSt）

上一章講解了 Filecoin 協定的共識機制是如何實現的。其中，提到了複製證明和時空證明兩個概念。本節我們主要來學習複製證明和時空證明是如何定義和實現的。

5.8.1　儲存證明的六種定義

之前提到幾種儲存證明的新名詞，大家可能會有些陌生，我們在這裡一一解釋其核心思想和關係。Filecoin 定義了如下六種證明定義。

❑ 儲存證明（Proof-of-Storage, PoS）：為儲存空間提供的證明機制。

❑ 資料持有性證明（Provable Data PoSsession, PDP）：使用者發送資料給礦工進行儲存，礦工證明資料已經被自己儲存，使用者可以重複檢查礦工是否還在儲存自己的資料。

❑ 可檢索證明（Proof-of-Retrievability, PoRet）：和 PDP 過程比較類似，證明礦工儲存的資料是可以用來查詢的。

❑ 複製證明（Proof-of-Replication, PoRep）：儲存證明 PoS 的一個實際方案，用以證明資料被礦工獨立地儲存，可以防止女巫攻擊、外源攻擊和生成攻擊。

❑ 空間證明（Proof-of-Space, PoSpace）：儲存量的證明，PoSpace 是 PoW 的一種，不同的是 PoW 使用的是計算資源，而 PoSpace 使用的是儲存資源。

❑ 時空證明（Proof-of-Spacetime, PoSt）：證明在一段時間內，礦工在自己的儲存裝置上實際儲存了特定的資料。

這六種證明的定義並不是互斥獨立的，PoS 包括 PDP、PoRet、PoRep、PoSpace；而 PoRep 和 PoSt 是 PoS 的兩種實例，它們之間的定義相互有交叉。PoS 儲存證明就是廣義的儲存證明定義；資料持有性證明指的是礦工有能力檢索檔案，既然我有能力檢索，那麼我就能證明持有這一檔案（Ateniese 等人的工作）；PoRet 可檢索證明幾乎是與 PDP 同時發明的，指的是證明者能向驗證者提供自己有能力檢索某個檔案的證明，而不只是持有檔案，它們的定義很相似（Juels 等人的工作）；PoSpace 指的是礦工能為自己貢獻的儲存空間給出證明，而不在乎這部分空間裡面存的是什麼，它只關注貢獻的儲存空間；PoRep 條件更嚴苛了，它首先要求礦工對該檔案進行初始化，並證明礦工持有這一初始化後的檔案，礦工必須在給定時間內響應，這一時間要遠短於初始化的時間，因此礦工無法在證明時間內生成持有檔案；PoSt 證明在一段連續時間內擁有特殊的訊息，並在自己專有的儲存介質中，它強調實效性，相比前面幾種定義，它的條件最多。這幾種證明機制的關係如圖 5-5 所示。

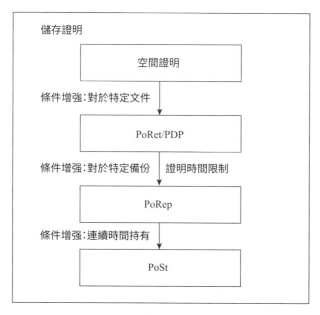

圖 5-5　儲存證明的關係

我們可以直觀地理解為什麼定義 PoRep 和 PoSt 是必需的：對於 PoSpace，若只能證明自己貢獻了一段儲存空間，那麼假設攻擊者貢獻出一段空間，卻不按照網路要求存放需要儲存的資料，攻擊者完全可以在貢獻空間中存放任何東西，例如隨機的資料，這樣當使用者需要資料時，攻擊者無法提供資料，同時它卻得到了系統的獎勵，因此 PoSpace 不足以提供有效證明；對於 PDP 和 PoRet，攻擊者會實施女巫攻擊和外源攻擊，這兩種攻擊我們在儲存攻擊部分講到了，在此不贅述。

Filecoin 協定中最重要的協定是複製證明和時空證明。它們的實現方式決定了 Filecoin 礦機的設定，間接決定 Filecoin 系統的整體成本。Filecoin 提供了儲存和資料下載兩種服務，系統成本最終決定使用者的使用成本。如果複製證明和時空證明消耗的資源過多，那麼會系統性地提升整個 Filecoin 成本，這會讓 Filecoin 系統的價值大打折扣。所以在複製證明和時空證明的研究上還需投入更多的資源。協定實驗室為此設立了基金，專門研究該課題。

5.8.2 儲存證明成員

為了詳細說明證明機制，我們首先明確在證明中各個角色和過程的定義。Filecoin 證明機制的角色和過程可以抽象成如下：挑戰、證明者、檢驗者。他們可以是礦工、使用者或者任何網路內其他角色。涉及的定義如下。

❏ 挑戰（challenge）：系統對礦工發起提問，可能是一個問題或者一系列問題，礦工答覆正確，則挑戰成功，否則失敗。

❏ 證明者（prover）：一般指的是礦工。他需要向系統提交儲存證明，應對互動式的隨機挑戰。

❏ 檢驗者（verifier）：向礦工發起挑戰（challenge）的一方，來檢測礦工是否完成了資料儲存任務。

❏ 資料（data）：使用者向礦工提交的需要儲存的資料或者礦工已經儲存的資料。

❏ 證明（proof）：礦工完成挑戰（challenge）時候的回答。

那麼驗證過程就能表述成：檢驗者會按照一定的規則向礦工提起挑戰，挑戰是隨機生成的，礦工不能提前獲知；礦工作為證明者相應地向檢驗者提交證明，證明的生成需要原始資料與隨機挑戰訊息；證明生成後，證明者會交給檢驗者，並由檢驗者判定該證明是否有效，如果有效，則挑戰成功。整個過程如圖 5-6 所示。

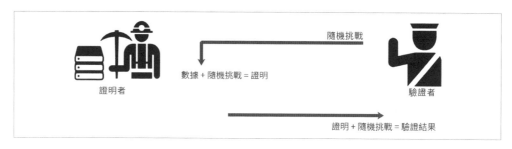

圖 5-6　挑戰過程

5.8.3　複製證明（PoRep）

複製證明是儲存證明的一種實現方式，證明者 P 能向檢驗者 V 提交 PoRep 以證明自己確實在自己的儲存裝置上存放有某個資料 D 的備份 D_i。證明者 P 受到網路委託，儲存 n 個資料 D 的獨立備份；當 V 向 P 提出挑戰時，P 需要向 V 證明 P 的確儲存了每一個 D 的備份 D_i。這就是 PoRep 一次驗證的過程。

複製證明的核心思想是：確保證明者儲存了獨立備份。這樣做的目的是，防止惡意礦工的攻擊。舉例說明：如果某一礦工對網路宣稱他儲存了一份資料的 n 份備份，實際上該礦工透過建立多個節點（女巫攻擊）的方式或者透過多個礦工共享資料（外源攻擊）的方式，實際上只儲存了該資料的一份備份。當檢驗者檢驗的時候，該礦工使用一份備份完成所有檢驗，即可達到攻擊的行為。該種攻擊方式稱為女巫攻擊。對於存資料的使用者來說，原本花錢購買的多分冗餘就不存在了。而對於惡意礦工來講，使用一份儲存空間獲取了 n 份資料的收益。這是不允許發生的。複製證明必須有能力防止此類攻擊。

那麼，複製證明是如何做到的呢？複製證明使用了一種特殊的加密演算法。該演算法理想情況下需要滿足一定的要求：

❑　加密時間長，解密時間短；

❑　生成儲存證明複雜度低。

第一點，解密時間短指的是提取這些檔案時，不會造成過大的計算資源開銷，否則會對礦機的設定提出更高的要求，Filecoin 系統成本會變得非常高昂，降低了 Filecoin 系統的價值。加密時間長指的是在挑戰期間，惡意礦工不能及時透過臨時生成加密後的檔案來完成挑戰。這是因為要生成證明必須要求證明者使用加密後的檔案作為輸入，只有礦工實際儲存了加密後的檔案，才能確保按時完成挑戰。使用滿足要求的演算法，即便該礦工擁有大量計算資源，也沒有足夠時間（完成挑戰所需最低時間）生成儲存證明。

第二點，每間隔一段時間，礦工需要提交一次儲存證明。考慮到每個階段提交證明較多，因此透過加密後的檔案生成儲存證明應該儘量簡單快速。如圖 5-7 所示，我們假設這一加密演算法的驗證時長是 1 倍，解密時間為 2 ～ 5 倍，挑戰有效時間算作 10 倍，那麼這一加密時間大約要 1000 倍才能達到安全。因為，加密過程需要的時間必須足夠的長，並且儘量不能並行化（可並行化的加密演算法可能讓攻擊者使用高性能電腦或改進計算架構來近似線性地降低執行時間），才能確保惡意礦工無法透過女巫攻擊或外源攻擊達到目的。

這一加密方法的設計，目前是學術界研究的問題之一，它叫作可驗證時延加密演算法。目前這一過程透過 BLS12-381 加密演算法，多次疊代完成。

圖 5-7　可可驗證時延加密的理想時長

基於上面的解釋，如下我們給出複製證明 PoRep 的定義：PoRep 證明是驗證者 V 向證明者 P 提供一段獨特的資料證明 π^c，以說服 P 自己儲存了資料 D 的一個特定備份 D_i，這一證明是專為 P 生成的挑戰 C 的應答。PoRep 協定可以透過多項式複雜度演算法元組實現。

$$PoRep_{Algorithm}=\{Setup,Prove,Verify\}$$

1. 初始化函數

$$PoRep.Setup(1^\lambda, D, id) \rightarrow R,S_P,S_V$$

其中，λ 是安全參數，透過它我們可以調整時延加密的安全係數，λ 越大，時延越長。調整它，系統可以控制加密演算法在效率和安全效能之間找到平衡。id 是生成備份的序號，每一個備份擁有它獨立的序號，序號不同，加密後的檔案也不同。D 是副本原檔案，PoRep.Setup 輸出參數為 R、S_P 和 S_V。其中，R 是生成的唯一 ID 號的副本，即礦工儲存的資料；S_P 是驗證該副本的必要訊息；S_V 是呼叫 PoRep.Prove 和 PoRep.Verify 的參數之一。

初始化函數最重要的是生成加密後的檔案，生成這一檔案的時間較長，計算量較大，這一步是確保安全的關鍵。

2. 證明函數

$$PoRep.Prove(S_P,R,c) \rightarrow \pi^c$$

其中，c 是驗證人 V 發出的隨機挑戰，π^c 是 P 生成資料 D 的特定副本 R 之證明。簡而言之，PoRep.Prove 由 P（證明人）為 V（驗證者）生成 c 的應答 π^c。它的具體演算法是由不同的可驗證時延函數決定，目前可驗證時延函數有多種實現方法，例如疊代多次零知識證明或質數模方法。具體證明函數根據使用不同的可驗證時延加密方法而定。目前可驗證時延加密是密碼學研究的新熱門問題。

3. 驗證函數

$$\text{PoRep.Verify}(S_v, c, \pi^c) \rightarrow 0, 1$$

用來檢測證明是否正確。PoRep.Verify 由 V 執行和說服 V 相信 P 已經儲存了 R，c 是檔案的隨機片段。其具體實現過程也需要依賴於特定的時延演算法。證明者需要驗證儲存了該副本，無須向驗證人發送全部的檔案，而是只要提供一條從隨機片段雜湊到整個檔案的梅克爾根的路徑即可。每次提交複製證明都需要計算一次梅克爾路徑，這樣，只要確保 c 是隨機的，那麼在一定程度上就能確保節點不會偽造證明。

5.8.4　時空證明（PoSt）

儲存證明可以允許檢驗者提出挑戰，以判斷證明者是否儲存了資料的備份。那麼如何能證明，在某一段時間之內，該資料被合理儲存，而不是接受挑戰完之後就被丟棄？一個很直接的解決方案是多次挑戰多次驗證，例如每間隔一段時間或者數個區塊高度就進行一次挑戰。這需要證明者：生成一系列的儲存證明（在這裡是 PoRep）用以確定時間；遞迴地執行生成簡短證明。

PoRep 是時間點證明，證明了該時刻儲存礦工儲存了該檔案。**PoSt 是時間區間證明，證明該時間段記憶體儲礦工實際儲存了該檔案。**這也非常直觀，如果僅進行一次挑戰，無法證明在一段連續時間之內檔案都存在。PoSt 的設計思路是，使用一種策略，每間隔一定的區塊高度，或隨機選擇檢查時間點，向儲存礦工挑戰。每一次挑戰，礦工都需要生成一段 PoRep。如果挑戰失敗，礦工會被懲罰，失去擔保的代幣，以此來防止惡意礦工的作弊行為。

PoSt 實現方法與 PoRep 類似，在此我們給出 PoSt 的定義：PoSt 證明是驗證者 V 向證明者 P 提供一段獨特的資料證明，以說服 P 自己在一段 t 時間內，儲存了資料 D 的一個備份 R，這一證明是專為 P 提起的挑戰 C 之應答。

PoSt 協定可以透過多項式複雜度演算法元組實現：

$$\text{PoSt}_{\text{Algorithm}} = \{\text{Setup}, \text{Prove}, \text{Verify}\}$$

1. 初始化

$$\text{PoSt.Setup}(\lambda, D) \rightarrow S_P, S_V, R$$

初始化函數與 PoRep 中初始化函數相同，它們使用的均是可驗證時延加密方法。λ 是時延加密的安全係數。其中 S_P 和 S_V 是驗證時需要的參數。PoRep. Setup 用來生成副本 R，S_P 和 S_V 分別為 PoRep.Prove 和 PoRep.Verify 重要參數。

2. 生成證明函數

$$\text{PoSt.Prove}(S_P, D, c, t) \rightarrow \{\pi^{c1}, \pi^{c2}, \pi^{c3}, \cdots\}$$

其中，c 是隨機挑戰矢量，包含 N 個隨機挑戰；t 是時間戳矢量，對應每一個隨機挑戰的時間戳；P（證明人）為 V（驗證者）生成 c 的應答 π^c，它是與 c 和 t 對應的應答。PoSt 是一系列不同時間點 PoRep 的重複請求。

3. 驗證

$$\text{PoSt.Verify}(S_v, c, t, \pi^c) \rightarrow 0, 1$$

用來檢測證明是否正確。PoSt.Verify 由 V 執行並使得 V 相信 P 在 t 時段內已經儲存了 R。

5.8.5　複製證明 PoRep 和時空證明 PoSt 的實現

在這個部分，我們主要介紹 PoRep 和 PoSt 在真實系統下是如何不依賴於信任第三方或可信硬體實現的。零知識證明在其中起了非常關鍵的作用。我們首先簡單介紹非互動式零知識證明和可驗證時延加密，這兩種加密演算法目前尚屬於學術研究領域，接下來介紹 PoRep 和 PoSt 是如何在密封函數 Seal 中被使用的；最後介紹 PoRep 和 PoSt 演算法實現。

1. 零知識證明 zk-SNARK

在 PoSt 和 PoRep 可驗證時延加密中，需要用到零知識證明的方法。零知識證明 zk-SNARK（Zero-Knowledge Succinct Non-interactive ARguments of Knowledge，簡潔、非互動式的零知識證明）指的是證明者能夠在不向驗證者提供任何有用的訊息的情況下，讓驗證者在某個機率下相信某個論斷依照大機率是正確的。它起源於最小洩漏證明，即驗證者除了知道證明者能證明某一事實外，無法再得到其他任何知識。

一些匿名數位貨幣，例如 ZCASH，就使用零知識證明確保交易雙方的身份和交易金額匿名。在 PoRep 下，我們需要驗證完整檔案是否被儲存，但是顯然，每次執行 PoRep 時，我們不能直接請求完整檔案檢索，這對於網路是極大的資源浪費。因此， 要求證明者提供基於隨機挑戰的 PoRep，而在證明者角度，僅透過簡介的證明就能驗證礦工是否依舊儲存原有的備份。這是 PoRep 使用零知識證明的原因。

零知識證明的定義如下。

zk-SNARKs 具備的簡潔性、驗證簡單、證明簡潔的特點，對於複製證明和時空證明非常有用。形式化定義如下，令 L 是一種 NP 語言，c 是 L 的一個決策過程。可信方生成兩個公鑰，p_k 和 v_k，分別用於生成證明和驗證。任何一個證明者（礦工）使用 p_k 來生成 π 用於證明實例 $x \in L$。任何人可以利用 v_k 驗證 π，因此 zk-SNARK 證明是可以被公開驗證的。

定義 zk-SNARK 是如下多項式時間演算法元組：

$$\text{zk-SNARK}:=\{\text{KeyGen},\text{Prove},\text{Verify}\}$$

KeyGen(1^{λ},C)→(p_k,v_k)。給出安全參數 λ 和決策過程 c，KeyGen 依機率生成 p_k 和 v_k，兩個密鑰都會被公開，用以證明 / 驗證。

Prove(p_k,x,ω)→π。給定 p_k, x，以及見證人 ω，呼叫 Prove 為 x 生成非互動式證明 π。

Verify(v_k,x,π)→{Success,Fail}。給定驗證公鑰，x 和證明 π，驗證者呼叫 Verify 驗證，輸出成功或者失敗。

2. 扇區密封函數 Seal

前面我們提到了，為了實現 PoRep，需要使用可驗證時延函數以達到初始化時間長、驗證證明和解密的時間短。這一初始化的過程整合在扇區密封操作中。

Seal 函數適用於：

1) 強制礦工儲存的備份必須是物理上獨立的，即承諾儲存 n 個複製的礦工一定需要儲存 n 個獨立的副本。

2) 透過可驗證時延加密演算法，確保生成副本的時間會比挑戰更長。具體操作是透過 *Seal* 實現，這裡，t 是一個難度係數，惡意節點計算 *Seal* 的時間大約是透過正常計算挑戰時間的 10～100 倍。很顯然，t 的選擇很重要，因為增大 t 會導緻 Setup 時間更長，降低儲存的效率，而太小又會導緻惡意節點攻擊的可能性增加。

Seal 是為了避免礦工發動女巫攻擊設立的，即在透過多個身份約定儲存多個備份，但實際儲存少於約定儲存的備份數，或者只存有 1 個備份。而在受到挑戰時，礦工需要特定某一個備份的證明。在 Seal 函數下，生成證明的時間會長於挑戰的時間，那麼惡意節點自然不可能透過挑戰。

值得一提的是，使用 AES-256 演算法加密是第一版白皮書所設計的臨時解決方案。此方案能做到時延效果，但它無法生成可快速驗證的證明。Filecoin 上最新的實現方案採用了 BLS12-381（一種 Zcash 中所使用的新型 zk-SNARK 橢圓曲線加密演算法，隸屬於 Bellman 庫，由 Rust 語言所實現，它的特點是小巧易用，能快速驗證），同時兼備加密時延和快速可驗證兩個特性。

3. PoRep 實現

在這部分，我們主要描述 PoRep 協定的具體實現方法。下面是 PoRep 具體執行細節。

PoRep 協定一共包括三個部分：建立備份 Setup，生成儲存證明 Prove，驗證儲存證明 Verify。建立備份操作在檔案初次儲存時執行，執行 Setup 操作需要花費一定的時間，以避免證明者在挑戰時間內無法生成。

（1）建立備份

Setup 函數透過給定密封密鑰和原資料，生成資料副本和證明。這一部分的主要工作是將待儲存資料透過加密轉換成唯一的備份資料。其輸入是檔案原始資料 D 證明者密封密鑰 PK_{SEAL}，**證明者密鑰對**（pk_p, sk_p）。其輸出副本 R、R 的梅克爾根 RT、證明 π_{SEAL}。具體過程如下：首先，透過雜湊函數計算出原始檔案的哈系摘要 h_D；根據證明者提供的密鑰連同原資料計算出唯一的副本 R。我們知道，這一個副本是唯一的，一旦生成以後，R 將按照合約一直儲存（礦工儲存的是 R 而不是原檔案 D）。這一過程是透過呼叫封裝函數 Seal 實現的。接下來，礦工需要向其他網路的驗證者證明自己已經完成了封裝操作。將原檔案、原檔案的摘要和副本的摘要，連同密封密鑰打包起來，生成證明檔案 π_{SEAL}。證明檔案會提交到 DSN 的設定表中，等待其他節點驗證，由此完整建立備份操作。

Setup：

輸入：資料 D，證明者密封密鑰 pk_S，證明者密鑰對（pk_p, sk_p）

輸出：副本 R，梅克爾根 rt，證明 π_{SEAL}

過程：

1）計算 h_D:=CRH(D)

2）計算 R:=Seal$^\tau$ (D,sk_p)

3）計算 rt:=MerkleCRH(R)

4）令 x:=(pk_p,h_D,rt)

5）令 ω:=(sk_p,D)

6）計算 π_{SEAL}:=VF.Prove(pk_{SEAL},x,ω)

7）輸出 R,rt,π_{SEAL}

（2）儲存證明

Prove 演算法生成副本的儲存證明。當驗證者發送挑戰 c，並指明其驗證的目標資料 R_c，證明者需要在特定的時間內提交儲存證明，證明自己在目前依然儲存了副本 R_c。PoRep 的要求是：生成一條通往 rt 的梅克爾路徑作為 PoRep 證明。輸入為副本 R，隨機挑戰 c，證明者密鑰 p_k，輸出為 π_{PoS}。其實現方式如下：首先，生成副本 R 的梅克爾樹；找到從 rt 到 R_c 的一條梅克爾路徑；然後將挑戰對應的檔案、證明者密鑰及梅克爾路徑封裝為一個整體，並對它生成儲存證明 π_{PoS}。

Prove：

輸入：副本 R，隨機挑戰 c，證明者密鑰 p_k

輸出：π_p

函數：

1）計算 rt:=MerkleCRH(R)

2）計算梅克爾路徑 route，從 rt 到 R_c

3）令 $x:=(c,)$

4）令 $\omega:=(\text{path}, R_c)$

5）計算 $\pi_{\text{PoS}}:=\text{VF.Prove}(\text{pk}_{\text{PoS}}, x, \omega)$

6）輸出 π_{PoS}

（3）驗證證明

Verify 演算法檢查給定梅克爾路徑和梅克爾根的合法性，證明允許公開驗證。輸入為證明者公鑰 pk_p，驗證者 SEAL 密鑰 $\text{vk}_{\text{SEAL}}, \text{vk}_{\text{PoSt}}$，資料雜湊 h_D，R 的梅克爾根 rt，隨機挑戰 c，證明元組 $\{\pi_{\text{PoS}}, \pi_{\text{SEAL}}\}$。這一驗證儲存證明演算法與（2）中生成儲存證明演算法對應。即驗證，礦工提交的儲存證明與區塊鏈設定表中保存的訂單訊息是否匹配，即計算兩個儲存證明的驗證訊息，對比二者差異。

Verify：

輸入：證明者公鑰 pk_p，驗證者 SEAL 密鑰 vk_{SEAL}、vk_{PoSt}，資料雜湊 h_D，梅克爾根 rt，複製 R，隨機挑戰 c，證明元組 $(\pi_{\text{SEAL}}, \pi_{\text{PoS}})$

輸出：證明有效性 $\{\text{Success}, \text{Fail}\}$

函數：

1）令 $x_1:=(\text{pk}_p, h_D, \text{rt})$

2）計算 $b_1:=\text{VF.Verify}(\text{vk}_{\text{SEAL}}, x_1, \pi_{\text{SEAL}})$

3）令 $x_2:=(c, \text{rt})$

4）計算 $b_2:=\text{V.Verify}(\text{vk}_{\text{PoS}}, x_2, \pi_{\text{PoS}})$

5）輸出 $b_1 \wedge b_2$

4. 時空證明的實現（PoSt）

PoSt 實際上是在一段時間內間隔生成的一系列 PoRep 的證明。針對 PoSt 的實現大部分與 PoRep 是一樣的，但在證明生成環節，它們較為不同。空間與時間證明：PoSt 演算法為副本生成一段時空證明，證明者在時間段內從驗證者那裡收到隨機的挑戰；按此順序生成複製證明。生成證明不是一次結束，而是反覆疊代。

一次 PoSt 是透過 PoRep 實現的，具體流程如圖 5-8 所示。首先根據挑戰 c，透過循環次數 i 生成一個新的挑戰；根據新的挑戰，找到一條能夠到達梅克爾根 rt 的梅克爾路徑，由此生成目前時刻（或者說目前 i 輪）的證明；還沒有結束，再由上一輪生成的證明生成新的挑戰，進而生成目前輪的礦工證明，以此往復下去，累計完成了 t 次，我們將這個過程生成的證明序列全部交給檢驗者。

這樣做的目的是，透過一系列的儲存證明，網路能確保礦工在這個時段內都是能檢索的，並沒有在一次挑戰後就丟棄或者向其他節點臨時請求原檔案。這樣也比每生成一次證明就發送給驗證者一次要好，因為它需要的網路互動更少。我們看到，在此過程中，如果 t 很大，那麼必將涉及大量計算。因此，需要在網路效率和安全性之間做出權衡。

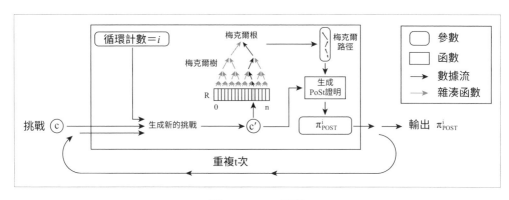

圖 5-8　PoSt 示意

PoSt 初始化函數與 PoRep 相同，其輸入包括資料、證明者密封密鑰，以及證明者密鑰對。函數具體的執行流程與 PoRep 相同，在此不贅述了。它的輸出包括初始化後的備份 R、副本梅克爾根 rt，以及時空證明 π_{PoST}。

Setup 函數：

輸入：資料 D，證明者密封密鑰 $\mathrm{pk}_{\mathrm{PoST}}$，證明者密鑰對（$\mathrm{pk}_p$, sk_p）

輸出：副本 R,R 的梅克爾根 rt，證明 π_{PoST}

函數：

1）計算 R,rt,π_{SEAL}:=PoRep.Setup

2）輸出 R,rt,π_{SEAL}

PoSt 證明函數是證明者應對驗證者的挑戰，生成對應的應答。這需要由驗證者提出挑戰 c，進行初始化後的副本 R，證明者密鑰 $\mathrm{pk}_{\mathrm{PoSt}}$，以及時間參數 t。時間參數 t 是進行疊代生成時空證明的次數，最終輸出時空證明 π_{PoSt}。它的具體過程如下：首先由礦工生成隨機挑戰對應的副本片段到整個副本的梅克爾路徑，隨後進行 t 次疊代操作。每一次循環，隨機挑戰被更新為上一輪的隨機挑戰與本輪的疊代輪數以及上一輪的儲存證明整體的雜湊值。如此循環往復 t 次，最後輸出時空證明。

Prove 函數：

輸入：副本 R，隨機挑戰 c，證明者密鑰 $\mathrm{pk}_{\mathrm{PoSt}}$，時間參數 t

輸出：π_{PoSt}

函數：

1）π_{PoS}:=NULL

2）計算梅克爾路徑，從 rt 到 R

3）令 x:=(c,rt)

4）循環 $i=1...t$

　　a）c':=$\mathrm{CRH}(\pi_{\mathrm{PoS}}\,\|c\|i)$

b）計算 π_{PoS}=PoRep.Prove(pk$_{PoS}$,R,c')

c）令 x:=(rt,c',i)

d）令 ω:=(π_{PoS},π_{PoSt})

e）計算 π_{PoSt}:=PoRep.Prove(pk$_{PoSt}$,x,ω)

5）輸出 π_{PoSt}

PoSt 驗證函數是驗證者檢查證明者生成的時空證明是否符合要求的操作。其輸入是證明者公鑰 pk$_p$、驗證者 SEAL 密鑰 vk$_{SEAL}$、vk$_{PoSt}$、資料雜湊 h_D、梅克爾根 rt、複製 R、隨機挑戰 c、證明元組 (π_{SEAL},π_{PoS})。校驗過程分為兩部分，透過使用可驗證時延加密的驗證演算法，分別檢查密封扇區的儲存證明合法性和時空證明的合法性。最後輸出校驗結果。

Verify 函數：

輸入：證明者公鑰 pk$_p$，驗證者 SEAL 密鑰 vk$_{SEAL}$、vk$_{PoSt}$，資料雜湊 h_D，梅克爾根 rt，複製 R，隨機挑戰 c, 證明元組 (π_{SEAL},π_{PoS})

輸出：證明有效性 {Success,Fail}

函數：

1）令 x_1:=(pk$_p$,h_D,rt)

2）計算 b_1:=PoRep.Verify(vk$_{SEAL}$,x_1,π_{SEAL})

3）令 x_2:=(c,rt,t)

4）計算 b_2:=PoRep.Verify(vk$_{PoS}$,x_2,π_{PoSt})

5）輸出 $b_1 \wedge b_2$

5. 儲存證明相關研究問題

大家如果仔細閱讀理解了證明機制的原理和實現方式，想必會發現其中隱藏的問題。這些問題大多都還在研究中：

1）如何防止在算力相對較大的節點發動女巫攻擊。這個問題我們在前面提到了，即如何設計一個演算法，使得初始化加密時間儘量長，而解密和證明時間儘量短。這一演算法不能並行化，不能透過提高節點的計算力縮短加密時間。這個問題是一個權衡，如何合理設計演算法是一個值得關注的問題。

2）如何針對大型檔案提供儲存證明。

這些都是目前學術界和工業領域還在解決的問題，Filecoin 在將來可能會使用以下幾種解決方式。

1）可驗證時延加密函數（Verifiable Time-Delay Encoding Function）：VDF 有兩大要求，即時間要求（加密時間長，而解密時間短）和可驗證要求（證明與驗證過程高效）。目前，設計使用的 VDF 演算法是學術界研究的熱點。已提出一些解決方案，例如：

❑ 疊代 SNARK 雜湊鏈，疊代過程實現時延特性，zk-SNARK 本身滿足可驗證特性。目前已小範圍被應用。

❑ 模的平方根方法，這也是一種常見的可驗證加密方法。缺點是，生成證明的時間最好的情況和最壞的情況差一個數量級，因此很難控制加密時間。

2）CBC 分組連結（CBC Stream Encoding）：大檔案分組成 $H=h_1, h_2, h_3 \cdots$，用 h_i 的密文與 h_{i+1} 的明文做 XOR 運算，然後加密，以此類推，獲得密文組。它的劣勢很明顯，每個分塊都需要計算得到前一個分塊的密文。那麼在此基礎上，平行計算就很難實現了，對大檔案的計算速度更慢。

3）深度魯棒鏈（Depth Robust Chaining）：它對 CBC 的最佳化，用有向無環圖方式加密分塊，這樣控制網路深度，就能將複雜度壓縮至 $O(LogN)$ 量級。

目前，這些方法已經可以用於 VDF 演算法，但是並不完美，我們也期待更好的零知識證明演算法。

5.9　網路攻擊與防範

Filecoin 所面臨的網路攻擊不外乎女巫攻擊、外部資源攻擊和生成攻擊這三種。

❏ 女巫攻擊（Sybil Attacks）：惡意節點透過複製 ID 的方式欺騙網路，以獲取額外的利益。例如，使用者提交向網路請求，儲存 n 個獨立的備份。而惡意節點透過生成多個身份標識，令網路誤認為是多個獨立的儲存節點，惡意節點的實際儲存少於 n 份或者只儲存一份，但惡意節點卻能夠能獲得 n 份獨立備份的獎勵，攻擊成功。

❏ 外部資源攻擊（Outsourcing）：惡意節點對網路宣稱的資料儲存量要比實際儲存的少。當網路發起挑戰的時候，惡意節點臨時從外部資料源請求，來完成驗證過程，即可攻擊成功，惡意節點獲取了額外的獎勵。

❏ 生成攻擊（Generation Attacks）：當網路發起挑戰的時候，惡意節點使用某種方式臨時生成資料，而其實際儲存的資料量小於對網路宣稱的資料量，攻擊成功。

在此之前，已經有一些研究者們提出了儲存證明的一些可行性方案。例如 Ateniese 等人曾給出了資料持有性驗證方法 PDP（Provable Data PoSsession）；Juels 和 Shacham 提出了檔案可復原性證明方法 PoR（Proof of Retrievability）。在這些方法中，檢驗者會在向證明者提出某個外包儲存資料的挑戰時，無須傳送全部的檔案資料，只需每次隨機提取一小部分資料給驗證者。在提取的片段是隨機的條件下，經過多次驗證通過，證明者擁有檔案備份的機率就會無限趨近於 1。

由於區塊鏈技術（公鏈）必須是開源技術，是防範的重中之重。我們利用具體的例子進一步講述惡意節點可能發起的攻擊行為。

1. 女巫攻擊

使用者 Bob 向網路提交了一個儲存任務，希望在網路中儲存某個檔案的 4 個獨立備份。在正常情況下，攻擊者 Alice 接受了訂單，並且按要求存放資料，按時向網路提供儲存證明。如果發生女巫攻擊， Alice 分別使用 4 個不同的身份接下這些訂單，但只儲存一個備份。這意味著，使用者花費了 4 個複製的錢，只儲存了一個複製。而對於一些重要的檔案，需要儲存多個備份，以防止網路出現故障。使用者會權衡備份檔案的成本和出現故障的機率，選擇一個自己能接受的備份數目。如果 Bob 受到了女巫攻擊，則無論他試圖儲存多少備份，最終只有一個物理備份被儲存。而 Alice 是有動機發動攻擊的，因為不需要占用額外的儲存空間，就能享受多倍的收益。這樣一來，女巫攻擊會對訂單構成威脅。上述流程如，如圖 5-9 所示。

上面是女巫攻擊的例子，下面我們再看一個外源攻擊的例子。

2. 外源攻擊

使用者 Bob 向網路再提交了一個儲存任務，希望在網路儲存某個檔案的多個備份。在外源攻擊下，Alice 接受這一訂單，並完成了檔案接收的工作。在進行一段時間的檔案分析之後，Alice 發現這一資源在 Alex 手中有一模一樣的備份。Alice 想到，既然能透過 Alex 獲得該檔案，那麼在每次系統詢問儲存證明時，只需要向 Alex 請求這一檔案的驗證片段，將其交給網路，便能通過驗證了。這樣一來，Alice 無須儲存該資料也能獲得訂單獎勵，如圖 5-10 所示。

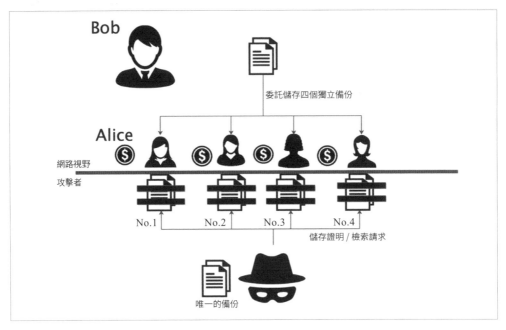

圖 5-9　儲存系統的女巫攻擊

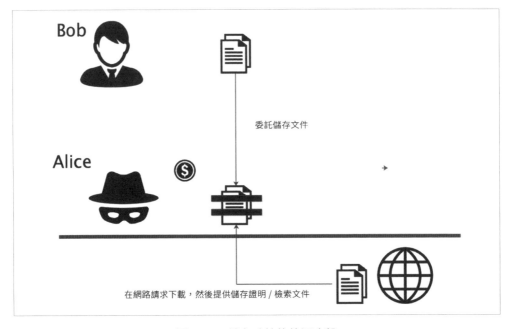

圖 5-10　儲存系統的外源攻擊

3. 生成攻擊

使用者 Bob 向網路提交了一個儲存任務，希望在網路儲存某個檔案的多個備份。在生成攻擊下，Alice 接受這一訂單，Alice 發現可以使用一種方式快速生成該資料而不需要完整地儲存該資料，即該資料實際占用礦工的儲存空間小於使用者原始資料占用的儲存空間，攻擊者可獲得超額收益。這樣一來，攻擊者會對系統的公平性構成威脅。

Filecoin 的複製證明和時空證明能夠防止上述攻擊行為。這是設計複製證明和時空證明中最大的難題。未來，隨著研究的深入，會有更優秀的解決方案，例如非互動式零知識證明。

5.10　其他特性

除了上述 Filecoin 的核心元件，智慧合約和 Bridge 互聯系統也為它提供了更多特性。智慧合約允許使用者編寫腳本實現更多檔案的操作和交易的邏輯；互聯系統能使 Filecoin 與其他區塊鏈系統互動。

5.10.1　Filecoin 智能合約

Filecoin 基礎協定中，允許使用者透過 Get 和 Put 兩個指令呼叫各項操作實現基本功能，例如按照使用者心理價格進行儲存資料、檢索資料等。Filecoin 也允許使用者基於這兩個操作設計智慧合約，以實現更加複雜的邏輯。

Filecoin 智慧合約允許使用者編寫腳本實現在市場中請求儲存 / 檢索資料、驗證儲存證明和 Filecoin 轉帳。使用者呼叫智慧合約進行互動。進一步，Filecoin 智慧合約能支援如下特定的合約操作。

1. 檔案合約

使用者可以自己編寫、購買或者出售儲存檢索服務的邏輯。例如：指定礦工，使用者無須參與市場，可以提前設定提供服務的礦工；支付策略，使用者可以自行設計獎勵機制，例如訂單等待時間越長，訂單價格提高；代理支付，合約允許礦工存入一部分 Filecoin，代客戶支付儲存費用。

2. 智能合約

使用者可以設計整合交易至其他市場，例如整合以太坊的交易到 Filecoin 中。這些交易不受儲存功能的限制。基於此可以開發出更有趣的應用，例如去中心化域名服務、資產跟蹤和預售平台等。

5.10.2　Bridge 互聯系統

Bridge 工具用於將 Filecoin 與其他區塊鏈系統互聯，Bridge 目前還在開發中，開發結束後，它能支援跨鏈交易和資料互動，以便能將 Filecoin 儲存帶入其他基於區塊鏈的平台，同時也將其他平台的功能帶入 Filecoin。

1.Filecoin 連線其他平台

其他區塊鏈系統，例如 Bitcoin、ZCash，尤其是 Ethereum，它們允許開發人員編寫智慧合約，因為區塊鏈將資料進行了大量備份，在這些系統上進行儲存的成本會很高昂。Bridge 能將 Filecoin 的儲存和檢索功能帶入其他區塊鏈系統。目前，這幾個智慧合約已經使用 IPFS 作為內容儲存和分發，後續升級後會透過交換 Filecoin 方式，確保儲存內容可用性。

2. 其他平台連線 Filecoin

透過 Bridge，其他區塊鏈系統的特性也能在 Filecoin 上使用。例如，利用 ZCash 整合隱私資料分發等。

5.11　本章小結

本章主要講了 Filecoin 整個系統架構和實現方式。主要包括分散式儲存網路
DSN、證明機制、市場和共識機制。在這裡，相對來說，DSN 和市場部分較
容易理解。而共識機制和儲存證明機制我們花了大半的篇幅來描述，這是本章
的重點和難點。這是因為對於去中心化系統，只有合理設計系統，以避免安全
攻擊，才能實現網路正常運轉，確保節點之間的公平。由於寫作時間原因，本
書的內容是根據 Filecoin 於 2017 年 7 月 19 日發布的白皮書。在本書截稿時，
Filecoin 測試網路已經上線。測試網路已經包括了大部分 IPFS 元件及 Filecoin
的試驗性元件。最終主網的設計可能與測試網路有區別。大家可以一同參與
Filecoin 內測。下一章，我們開始進入實戰篇，上手試試 IPFS。

第 6 章

IPFS 開發基礎

本章將著重介紹如何安裝、應用 IPFS，以及 IPFS 基本指令集的使用方法。並透過一些例子，一起動手實踐，學習如何使用 IPFS 進行資料的儲存和分發。希望大家在學習完本章內容後，能迅速掌握 IPFS 相關的開發基礎知識。

6.1 安裝 IPFS

6.1.1 透過安裝套件安裝

IPFS 支援多種語言，比較主流的是 Go 語言和 JavaScript 版，且一直由官方長期更新維護。本章以 Go 語言版本為例。

在透過安裝套件安裝 IPFS 前，請先在本機下載安裝大於 1.7 版本的 Go 語言環境。關於 Go 語言的安裝這裡不做過多介紹。

我們可以透過 IPFS 官網 https://dist.ipfs.io/#go-ipfs 下載 go-ipfs 的預編譯版本，如圖 6-1 所示。

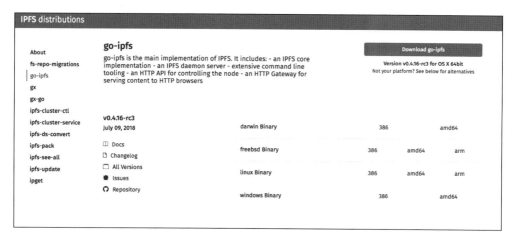

圖 6-1　go-ipfs 下載

注意：

❑ Mac OS X 系統使用者請下載 darwin Binary amd64。

❑ Linux 系統使用者請下載 linux Binary amd64。

❑ Windows 系統使用者請下載 windows Binary amd64。

本書使用的是 Version 0.4.16 版本和 Mac OS X 作業系統。

我們也可以透過官方開放在 GitHub 上的原始碼倉庫來獲取最新發布的安裝套件：https://github.com/ipfs/go-ipfs/releases，如圖 6-2 所示。

透過以下指令解壓縮已下載的安裝套件：

```
tar xvfz go-ipfs_v0.4.16_darwin-amd64.tar.gz
```

執行如下指令來初始化安裝腳本 install.sh：

```
cd go-ipfs

./install.sh
```

至此，IPFS 已被安裝至根目錄，無須再設定環境變數。

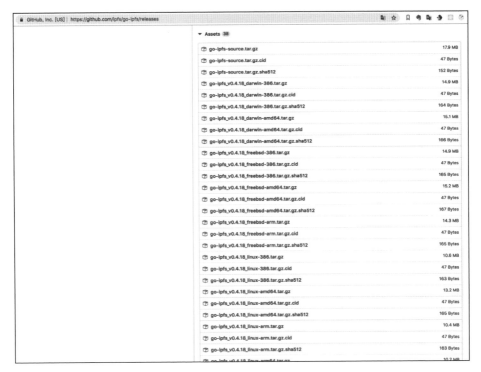

圖 6-2　GitHub 上的 IPFS 官方安裝套件

執行 **ipfs -help** 指令，會出現如圖 6-3 所示的訊息，表示安裝完成。

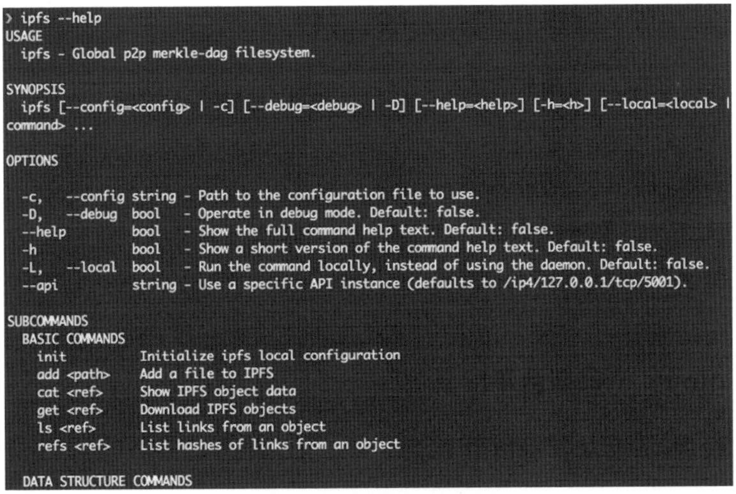

圖 6-3　IPFS 安裝完成

6.1.2　透過 Docker 安裝

IPFS 的 Docker 鏡像位於 http://hub.docker.com/r/ipfs/go-ipfs。要在容器內部顯示檔案，需要使用 -v docker 選項安裝主機目錄。首先選擇一個用來從 IPFS 匯入 / 匯出檔案的目錄，然後選擇一個目錄來儲存 IPFS 檔案，防止重新啟動容器時遺失這些檔案。

```
export ipfs_staging=</absolute/path/to/somewhere/>
export ipfs_data=</absolute/path/to/somewhere_else/>
```

開啟一個容器並執行 IPFS，暴露 4001、5001、8080 埠。

```
docker run -d --name ipfs_host -v $ipfs_staging:/export -v $ipfs_data:/
    data/ipfs -p 4001:4001 -p 127.0.0.1:8080:8080 -p 127.0.0.1:5001:5001
    ipfs/go-ipfs:latest
```

我們可以透過如下的 docker logs 指令觀察 ipfs log 訊息：

```
docker logs -f ipfs_host
```

IPFS 啟動成功後，顯示如下訊息：

```
Gateway (readonly) server listening on /ip4/0.0.0.0/tcp/8080 You can
    now stop watching the log.
```

之後，我們透過 docker exec 指令植入一些 IPFS 的指令。

```
docker exec ipfs_host ipfs <args...>
```

例如，執行對等節點連線指令。

```
docker exec ipfs_host ipfs swarm peers
```

複製一份暫存 IPFS 目錄，向其中添加檔案。

```
cp -r <something> $ipfs_staging
docker exec ipfs_host ipfs add -r /export/<something>
```

透過停止容器執行，關閉 IPFS 網路。

```
docker stop ipfs_host
```

6.1.3　透過 ipfs-update 安裝

ipfs-update 是一個用來更新 IPFS 版本的命令列工具，我們可以透過下面兩種方式獲得該指令：

1）直接從 https://dist.ipfs.io/#ipfs-update 下載，解壓安裝套件，執行 install.sh 腳本進行安裝。

2）如果 Go 語言版本高於 1.8，也可以直接用以下方式安裝：

```
>go get -u github.com/ipfs/ipfs-update
```

透過 ipfs-update versions 指令，可以列出所有可下載的 IPFS 版本。

```
>ipfs-update versions
v0.3.2
v0.3.4
v0.3.5
v0.3.6
v0.3.7
v0.3.8
v0.3.9
v0.3.10
v0.3.11
v0.4.0
v0.4.1
v0.4.2
v0.4.3
v0.4.4
v0.4.5
v0.4.6
v0.4.7-rc1
```

透過 ipfs-update install latest 指令更新並下載最新的 go-ipfs 版本。

```
$ipfs-update install latest
fetching go-ipfs version v0.4.7-rc1
binary downloaded, verifying...
success!
stashing old binary
installing new binary to /home/hector/go/bin/ipfs
checking if repo migration is needed...
Installation complete!
```

6.2　IPFS 倉庫設定初始化

6.2.1　初始化

本機安裝好 IPFS 環境後，我們使用 ipfs init 指令來初始化 IPFS 倉庫。

```
$ ipfs init
initializing ipfs node at /Users/daijiale/.go-ipfs
generating 2048-bit RSA keypair...done
peer identity: Qmcpo2iLBikrdf1d6QU6vXuNb6P7hwrbNPW9kLAH8eG67z
to get started, enter:
ipfs cat /ipfs/QmYwAPJzv5CZsnA625s3Xf2nemtYgPpHdWEz79ojWnPbdG/readme
```

IPFS 在初始化的過程中，將會在本機機器上生成儲存倉庫。同時還會自動生成 RSA 加密密鑰對，方便節點以加密的方式對建立的內容和訊息進行簽名。我們也能透過命令列 Log 查看初始化生成的節點身份 ID 訊息。

我們可以透過 IPFS 查看檔案的指令打開 IPFS 的 readme 使用說明，操作方法如下：

```
ipfs cat
/ipfs/QmYwAPJzv5CZsnA625s3Xf2nemtYgPpHdWEz79ojWnPbdG/readme
```

成功打開後的結果如下所示：

```
Hello and Welcome to IPFS!
```

```
If you're seeing this, you have successfully installed
IPFS and are now interfacing with the ipfs merkledag!

   --------------------------------------------------------
| Warning:                                                  |
|   This is alpha software. use at your own discretion!  |
|   Much is missing or lacking polish. There are bugs.   |
|   Not yet secure. Read the security notes for more.    |
   --------------------------------------------------------

Check out some of the other files in this directory:

   ./about
   ./help
   ./quick-start     <-- usage examples
   ./readme          <-- this file
   ./security-notes
```

ipfs cat CID 的用法在下文會詳細介紹。

6.2.2　訪問設定檔案

IPFS 本機倉庫檔案預設儲存在 ~/.ipfs 路徑下。

```
>ls ~/.ipfs
blocks          datastore       keystore
config          datastore_spec  version
```

我們可以看到以下幾個倉庫歸檔分類的功能。

❑ blocks：本機倉庫儲存的 CID 檔案區塊連結目錄。

❑ keystore：密鑰對檔案儲存目錄。

❑ datastore：LevelDB 資料檔案目錄。

❑ datastore_spec：LevelDB 資料檔案快取目錄。

❑ config：倉庫設定檔案。

❑ version：版本訊息檔案。

設定檔案是 json 格式，我們可以透過 ipfs config show 或 vim config 指令來查看和編輯內容。

```
{
    // 節點 API 設定
    "API": {
        "HTTPHeaders": {
            "Access-Control-Allow-Methods": [
                "PUT",
                "GET",
                "PoST",
                "OPTIONS"
            ],
            "Access-Control-Allow-Origin": [
                "*"
            ]
        }
    },
    // 節點網路通信 multiaddress 設定
    "Addresses": {
        "API": "/ip4/127.0.0.1/tcp/5001",
        "Announce": [],
        "Gateway": "/ip4/127.0.0.1/tcp/8080",
        "NoAnnounce": [],
        "Swarm": [
            "/ip4/0.0.0.0/tcp/4002",
            "/ip6/::/tcp/4001"
        ]
```

```
    },
    // 中繼節點 multiaddress 設定
    "Bootstrap": [
    "/ip4/154.8.230.49/tcp/4001/ipfs/QmQ7CMp47c7HJPnBHsHvLccHK1hX6XeUY3x
     jRmbYeCYEiq"
    ],
    // Datastore 儲存設定
    "Datastore": {
        "BloomFilterSize": 0,
        "GCPeriod": "1h",
        "HashOnRead": false,
        "Spec": {
            "mounts": [
                {
                    "child": {
                        "path": "blocks",
                        "shardFunc": "/repo/flatfs/shard/v1/next-to-
                         last/2",
                        "sync": true,
                        "type": "flatfs"
                    },
                    "mountpoint": "/blocks",
                    "prefix": "flatfs.datastore",
                    "type": "measure"
                },
                {
                    "child": {
                        "compression": "none",
                        "path": "datastore",
                        "type": "levelds"
                    },
                    "mountpoint": "/",
                    "prefix": "leveldb.datastore",
                    "type": "measure"
                }
            ],
            "type": "mount"
        },
        "StorageGCWatermark": 90,
        "StorageMax": "10GB"
    },
    // LibP2P Discovery 設定
    "Discovery": {
        "MDNS": {
```

```
        "Enabled": true,
        "Interval": 10
    }
},
// 實驗功能開關設定
"Experimental": {
    "FilestoreEnabled": false,
    "Libp2pStreamMounting": false,
    "ShardingEnabled": false
},
// HTTP 匣道設定
"Gateway": {
    "HTTPHeaders": {
        "Access-Control-Allow-Headers": [
            "X-Requested-With",
            "Range"
        ],
        "Access-Control-Allow-Methods": [
            "GET"
        ],
        "Access-Control-Allow-Origin": [
            "*"
        ]
    },
    "PathPrefixes": [],
    "RootRedirect": "",
    "Writable": false
},
// 節點身份訊息
"Identity": {
    "PeerID": "",
    "PrivKey": ""
},
// IPNS 設定
"Ipns": {
    "RecordLifetime": "",
    "RepublishPeriod": "",
    "ResolveCacheSize": 128
},
// 檔案系統掛載設定
"Mounts": {
    "FuseAllowOther": false,
    "IPFS": "/ipfs",
    "IPNS": "/ipns"
```

```
        },
        "Reprovider": {
            "Interval": "12h",
            "Strategy": "all"
        },
        // P2P Swarm 設定
        "Swarm": {
            "AddrFilters": null,
            "ConnMgr": {
                "GracePeriod": "20s",
                "HighWater": 900,
                "LowWater": 600,
                "Type": "basic"
            },
            "DisableBandwidthMetrics": false,
            "DisableNatPortMap": false,
            "DisableRelay": false,
            "EnableRelayHop": false
        }
    }
```

我們可以根據自己的業務需要和機器設定來動態設定 IPFS 倉庫設定。

6.3　與 IPFS 檔案系統進行互動

本節將主要介紹本機檔案與 IPFS 檔案系統互動的幾種常用方式。

1. 添加檔案進 IPFS

我們透過一個例子來看看如何將本機檔案添加進 IPFS 網路。

```
// 切換到本機桌面目錄下
$ cd ~/Desktop

// 建立 ipfs-test 檔案目錄
$ mkdir ipfs-test

// 切換到 ipfs-test 檔案目錄
$ cd ipfs-test
```

```
// 建立檔案的同時寫入一串字串："version 1 of my text"
$ echo "version 1 of my text" > mytextfile.txt

// 查看 mytextfile.txt 檔案內容
$ cat mytextfile.txt
version 1 of my text

// 將 mytextfile.txt 檔案添加到 IPFS 檔案系統中
$ ipfs add mytextfile.txt
added QmZtmD2qt6fJot32nabSP3CUjicnypEBz7bHVDhPQt9aAy mytextfile.txt
```

2. 從 IPFS 中讀取檔案內容

我們可以透過 ipfs cat CID 指令讀取 IPFS 網路中的檔案內容。

```
// 在 IPFS 網路中查看驗證剛才上傳的 mytextfile.txt 內容
$ ipfs cat QmZtmD2qt6fJot32nabSP3CUjicnypEBz7bHVDhPQt9aAy
version 1 of my text
```

3. 內容唯一性驗證

可以直接將文字內容添加到 IPFS 中來測試檔案雜湊值（CID）是否與檔案內容本身一一對應。無論我們將檔案名稱更改成什麼，只要檔案內容不變，檔案的雜湊值（CID）都不變。

```
// 將內容添加到 IPFS 檔案系統中
$ echo "version 1 of my text" | ipfs add
added QmZtmD2qt6fJot32nabSP3CUjicnypEBz7bHVDhPQt9aAy QmZtmD2qt6fJot3
    2nabSP3CUjicnypEBz7bHVDhPQt9aAy

// 將一樣內容的文字添加到 IPFS 檔案系統中
$ ipfs add mytextfile.txt
added QmZtmD2qt6fJot32nabSP3CUjicnypEBz7bHVDhPQt9aAy mytextfile.txt

// 將 mytextfile.txt 的內容取出加入 IPFS 檔案系統中
$ cat mytextfile.txt | ipfs add
added QmZtmD2qt6fJot32nabSP3CUjicnypEBz7bHVDhPQt9aAy QmZtmD2qt6fJot3
    2nabSP3CUjicnypEBz7bHVDhPQt9aAy
```

用三種方式對比驗證之後我們可以發現，只要內容保持不變，將始終獲得相同的雜湊值（CID）。接著改變檔案內容，來驗證下 IPFS 內容雜湊值的變化，並透過 IPFS 內容雜湊值，將 IPFS 中的內容寫入新檔案中。

```
// 改變文字，將高版本內容添加到 IPFS 檔案系統中
$ echo "version 2 of my text" | ipfs add
added QmTudJSaoKxtbEnTddJ9vh8hbN84ZLVvD5pNpUaSbxwGoa  QmTudJSaoKxtbEn
    TddJ9vh8hbN84ZLVvD5pNpUaSbxwGoa

// 將 IPFS 檔案系統中的高版本內容添加到 mytextfile.txt 檔案中
$ ipfs cat QmTudJSaoKxtbEnTddJ9vh8hbN84ZLVvD5pNpUaSbxwGoa > mytextfile.
    txt
$ cat mytextfile.txt
version 2 of my text

// 將之前 IPFS 檔案系統中的低版本內容添加到一個新檔案中
$ ipfs cat QmZtmD2qt6fJot32nabSP3CUjicnypEBz7bHVDhPQt9aAy >
    anothertextfile.txt
$ cat anothertextfile.txt
version 1 of my text
```

將文字內容更改為"version 2 of my text"，並將其添加到 IPFS 檔案系統中，就可以得到一個與之前不同的內容雜湊值。同時，也可以從 IPFS 中讀取該內容（任何版本），並將其寫入檔案。例如，可以將 mytextfile.txt 的內容從"version 1 of my text"切換為"version 2 of my text"，並根據需要返回。當然，完全可以將內容寫入一個新文字檔 anothertextfile.txt 中。

4. 在 IPFS 中寫入內容檔案名稱和目錄訊息

使用 ipfs add -w CID 指令再一次向 IPFS 中添加 mytextfile.txt。

```
$ ipfs add -w mytextfile.txt
added QmZtmD2qt6fJot32nabSP3CUjicnypEBz7bHVDhPQt9aAy mytextfile.txt
added QmPvaEQFVvuiaYzkSVUp23iHTQeEUpDaJnP8U7C3PqE57w
```

上節程式碼中未使用 -w 標誌符，輸出只返回一個內容雜湊值。本節使用後返回了兩個雜湊值。第 1 個雜湊值 QmZtmD2……與之前相同，它表示檔案內容

的雜湊值，第 2 個雜湊值 QmPvaEQF……代表的是 IPFS Wrapped，包括了與內容相關的目錄和檔名等訊息。在接下來的步驟中，我們將使用更多的 IPFS 指令，來查看該目錄的檔名訊息以及如何應用。

5. 展示 `IPFS Wrapped` 訊息

我們可以透過 ipfs ls -v 展示 IPFS Wrapped 包含的全部訊息。

```
$ ipfs ls -v QmPvaEQFVvuiaYzkSVUp23iHTQeEUpDaJnP8U7C3PqE57w
Hash                                            Size Name
QmZtmD2qt6fJot32nabSP3CUjicnypEBz7bHVDhPQt9aAy 29   mytextfile.txt
```

需要注意的是，當我們的內容 CID 訊息為 Wrapped 形式時，必須使用 ipfs ls 而不是 ipfs cat 來讀取該訊息，因為它是一個目錄。如果嘗試使用 ipfs cat 讀取目錄，則會收到以下錯誤訊息：

```
$ ipfs cat QmPvaEQFVvuiaYzkSVUp23iHTQeEUpDaJnP8U7C3PqE57w
Error: this dag node is a directory
```

6. 透過父目錄內容雜湊來取得檔案內容

我們可以透過如下父目錄內容雜湊路徑格式來取得檔案內容：

```
$ ipfs cat QmPvaEQFVvuiaYzkSVUp23iHTQeEUpDaJnP8U7C3PqE57w/mytextfile.txt
version 1 of my text
```

這條指令同時也能被理解為：在 IPFS 檔案系統中尋找內容雜湊為 QmPva-EQFVvuiaYzkSVUp23iHTQeEUpDaJnP8U7C3PqE57w/mytextfile.txt 的 Wrapped，並返回其目錄下檔名為 mytextfile.txt 的內容。

6.4 加入 IPFS 網路環境

透過 ipfs daemon 指令，我們可以把本機的 IPFS 檔案系統接入 IPFS 網路。

```
> ipfs daemon
Initializing daemon...
API server listening on /ip4/127.0.0.1/tcp/5001
Gateway server listening on /ip4/127.0.0.1/tcp/8080
```

如果接入成功，在執行 ipfs swarm peers 時能夠看到 p2p 網路中對等方的 IPFS 節點位址訊息。

```
> ipfs swarm peers
/ip4/104.131.131.82/tcp/4001/ipfs/QmaCpDMGvV2BGHeYERUEnRQAwe3N8SzbUt
    fsmvsqQLuvuJ
/ip4/104.236.151.122/tcp/4001/ipfs/QmSoLju6m7xTh3DuokvT3886QRYqxAzb1
    kShaanJgW36yx
/ip4/134.121.64.93/tcp/1035/ipfs/QmWHyrPWQnsz1wxHR219ooJDYTvxJPyZuDU
    PSDpdsAovN5
/ip4/178.62.8.190/tcp/4002/ipfs/QmdXzZ25cyzSF99csCQmmPZ1NTbWTe8qtKFa
    ZKpZQPdTFB
```

我們可以試著透過 IPFS 網路存取遠端的資料。

```
>ipfs cat /ipfs/Qmd286K6pohQcTKYqnS1YhWrCiS4gz7Xi34sdwMe9USZ7u >cat.jpg
>open cat.jpg
```

我們從遠端節點獲取到了一張貓的圖片，如圖 6-4 所示。

圖 6-4　遠端獲取 cat.jpg

透過 ipfs dht findprovs 指令，可以看到在 IPFS 網路中，有 20 個節點儲存了我們剛才的 cat.jpg。

```
>ipfs dht findprovs Qmd286K6pohQcTKYqnS1YhWrCiS4gz7Xi34sdwMe9USZ7u
// 存在於 20 個節點中
QmeUGXG4K4hbNPbKDUycmNsWrU3nDN69LLgHkWU2yUN6FZ
QmQNvRqhnSv4Lu75AfoZuZN6scyDkwo1uyBjMu8CFSHEpY
QmS7WeWZR2uvQGqSJkAYETbEZvR4vj8voTrAC16YBzCcQP
QmWPES12rdPZse8cvQtLYFzjDUVsfvFr2pLzywoeBSePQW
QmbYtNScMpSS8i2NTHYLdS7VuLKBStY3hdCAw6dQKi1A5w
QmeCb5cwJWu85kiyeSWSbMCTtEnL5hFy9Gu5UjjM2vHcLW
QmevtULdnUq2Bfa3Th8AjJVegG549MjKoipDXHchMQ5s3i
QmPDci3Df8bPrqcUkD1pSo1Npztbmo8iD3aTbwcj8ZwSsz
QmPEGLxDUAYTSLFoRS88T5qsFEsAhcERicDkiEL5oA2yS5
QmPEgiSxBeVhUKGpDy7vTfjw9S2CtnU7S5yVgLixDHcdgi
QmPG5uzrGucAubToGWppCQz93k7bGoEfoiFTcXzK8ZQMAH
QmPHYM134MeSem3Ncf1FFS1XyfbiV83kS79sv6LtSidRqv
QmPJSd7WB5isvxEMunKaxR1UXCbubNcuKFShDCFc1RvcU8
QmPJXhtsC1PyVUoMXSGXpSs34HYMApL7oufj9T7Mrg2fA3
QmPMe2jWoURKFo6xB5mqEk4M61EpLXiHA9EkRAhcWGmjcv
QmPPcf2mxgNE12eguAizFJfdj9qjBWucPhL8VCpL76yHcS
QmPQ6bTqExeUgv499g8YXzrB5W5bG63stCPxaXB5fHvwKV
```

```
QmPQMu6b9NbYU47z1mPnTLttZKEpNY4C8mgWvfwaouh9gr
QmPQTyaWobzeVNP2RssKcQmPps8QbbGVsTWn7HjryPr7VE
QmNMQF2wQAAnRSynuDMmgDt37DGJHUc7LxFcsdSL5LTwjK
```

6.5　與 HTTP Web 互動

要讓 IPFS 檔案系統與 HTTP Web 互動，需要先啟動守護行程連線網路服務。

```
ipfs daemon
```

如果守護行程未啟動，本機 IPFS 節點不會從其他節點中接收內容，也不會啟動 HTTP 匣道服務。

1. 從本機 HTTP 匣道中獲取 IPFS 資料

如果使用 HTTP 瀏覽器從本機 IPFS 匣道檢索檔案，必須告知匣道檔案的 IPFS/CID 內容或者 IPNS/CID 的內容，我們在瀏覽器中輸入以下指令：

```
http://localhost:8080/ipfs/Qmd286K6pohQcTKYqnS1YhWrCiS4gz7Xi34sdwMe9USZ7u
```

可以在瀏覽器中看到到剛剛以 IPFS 網路抓到本機的 cat.jpg，如圖 6-5 所示。

2. 從公共 HTTP 匣道取得 IPFS 資料

公共匣道是指可用於訪問 IPFS 網路中任何內容的公共 HTTP 網路位址，官方為我們提供了 ipfs.io 的域名匣道位址，我們也可以建構屬於我們自己的公共匣道位址。還是以上文的 cat.jpg 為例，我們透過公共匣道 http://ipfs.io 也可以訪問，且更易於分享和在專案中展現。

圖 6-5　瀏覽器顯示 cat.jpg

```
// ipfs.io 由官方提供
https://ipfs.io/ipfs/Qmd286K6pohQcTKYqnS1YhWrCiS4gz7Xi34sdwMe9USZ7u

// ipfs.infura.io 由 CONSENSYS 團隊提供
https://ipfs.infura.io/ipfs/Qmd286K6pohQcTKYqnS1YhWrCiS4gz7Xi34sdwMe9USZ7u
```

3. IPFS Web 控制台

IPFS 提供了便於查看本機節點訊息的 Web 控制台服務。啟動 IPFS 守護行程後，打開瀏覽器輸入如下位址：http://localhost:5001/webui，可以直接訪問 Web 控制台，如圖 6-6 所示。

6.6　API 使用

安裝好 IPFS 後，就可以透過命令列的形式來使用 IPFS 檔案系統，並與本機檔案進行一些互動，同時還能啟動 IPFS 網路。除此之外，啟動 IPFS 網路服務

後，可以以另一種方式，即 API 的呼叫，來請求 IPFS 網路節點中的資源。本
節就來全面介紹一下 IPFS 命令列工具和 API 介面的使用。

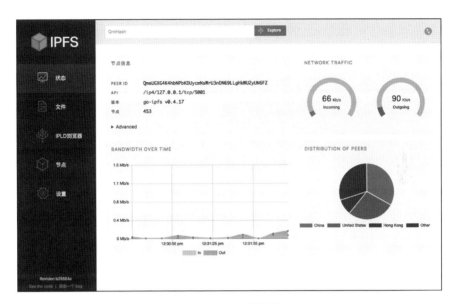

圖 6-6　Web 控制台

6.6.1　IPFS 命令列用法

IPFS 命令列由 -config（設定檔案路徑）、-debug（Debug 模式操作）、-help
（說明文件）等多種選項和一系列 <command>（子指令）構成，指令格式
如下。

```
ipfs [--config=
<config> | -c] [--debug=<debug> | -D] [--help=<help>] [-h=<h>]
    [--local=<local> | -L] [--api=<api>] <command> ...</command></
    api></local></h></help></debug></config>
```

1. 選項

IPFS 命令列選項如表 6-1 所示。

表 6-1 IPFS 命令列選項表

選 項 標 識	選 項 類 型	介　　　紹
-c, -config	string	設定檔案路徑
-D, -debug	bool	以 debug 模式操作，預設為 false
-help	bool	展示完整的指令說明文件，預設為 false
-h	bool	展示精簡指令說明文件，預設為 false
-L, -local	bool	在本機執行指令，預設為 false
-api	string	使用具體的 API 實例（預設為 /ip4/127.0.0.1/tcp/5001）

2. 子指令

操作 IPFS 的基本指令如表 6-2 所示。

表 6-2 IPFS 基本指令表

命　　　令	介　　　紹
init	初始化 IPFS 本機設定
add (path)	添加一個檔案到 IPFS
cat (ref)	展示 IPFS 物件資料
get (ref)	下載 IPFS 物件
ls (ref)	從一個物件中列出連結
Refs (ref)	從一個物件中列出連結雜湊

操作 IPFS 資料結構的指令如表 6-3 所示。

表 6-3 IPFS 資料結構指令表

命　　　令	介　　　紹
block	與資料儲存中的原始區塊互動
object	與原始 DAG 節點互動
files	將物件抽象為 UNIX 檔案系統，並與物件互動
dag	與 IPLD 檔案互動（實驗中）

操作 IPFS 的進階指令如表 6-4 所示。

表 6-4　IPFS 進階指令表

命　　令	介　　紹
daemon	開啟 IPFS 執行後台行程
mount	掛載一個 IPFS 唯讀的掛載點
resolve	解析多類型 CID 名稱
name	發布並解析 IPNS 名稱
key	建立並列出 IPNS 名字密鑰對
dns	解析 DNS 連結
pin	將物件鎖定到本機儲存
repo	操縱 IPFS 倉庫
stats	各種操作狀態
filestore	管理檔案倉庫（實驗中）

操作 IPFS 網路通訊相關的指令如表 6-5 所示。

表 6-5　IPFS 網路通訊指令表

命　　令	介　　紹
id	展示 IPFS 節點訊息
bootstrap	添加或刪除引導節點
swarm	管理 p2p 網路連線
dht	請求有關值或節點的分散式雜湊表
ping	測量一個連線的延遲
diag	列印診斷訊息

控制 IPFS 相關輔助工具的指令如表 6-6 所示。

表 6-6　IPFS 工具指令表

命　　令	介　　紹
config	管理設定
version	展示 IPFS 版本訊息
update	下載並應用 go-ipfs 更新
commands	列出所有可用指令

IPFS 在本機檔案系統中有一個倉庫，其預設位置為 ~/.ipfs，可以透過設定環境變數 IPFS_PATH 改變倉庫位置。

```
export IPFS_PATH=/path/to/ipfsrepo
```

3. 退出狀態

命令列將以下面兩種狀態中的一種結束：

❏ 0 執行成功；

❏ 1 執行失敗。

使用 ipfs < 子指令 > -help 可以獲得每個指令的更多訊息。

6.6.2　IPFS 協定實現擴展

IPFS 專案的規模十分龐大，有許多子專案和基於不同語言的實現，如表 6-7 所示。

表 6-7　IPFS 實現分類表

語　　言	項 目 地 址	完　整　性
Go	https://github.com/ipfs/go-ipfs	完整
JavaScript	https://github.com/ipfs/js-ipfs	完整
Python	https://github.com/ipfs/py-ipfs	啟動中
C	https://github.com/Agorise/c-ipfs	啟動中

IPFS 專案的實現分為多個版本，目前官方主要支援的是 Go 和 JavaScript 版，但是也有基於其他語言的核心版本，官方也在支援相關開源社群的持續建設。

6.6.3 IPFS 端 API

IPFS 除了指令集之外，還為我們提供了豐富的端 API 介面和多種語言的擴展 SDK，如表 6-8 所示。

表 6-8 IPFS API 分類表

API 種類	介　　紹	下 載 地 址
http-api-spec	HTTP RPC 遠程呼叫 API	https://github.com/ipfs/http-api-docs
js-ipfs-api	JavaScript 語言實現的 IPFS API 相依函式庫	https://github.com/ipfs/js-ipfs-api
java-ipfs-api	Java 語言實現的 IPFS API 相依函式庫	https://github.com/ipfs/java-ipfs-api
go-ipfs-api	Go 語言實現的 IPFS API 相依函式庫	https://github.com/ipfs/go-ipfs-api
py-ipfs-api	Python 語言實現的 IPFS API 相依函式庫	https://github.com/ipfs/py-ipfs-api
scala-ipfs-api	Scala 語言實現的 IPFS API 相依函式庫	https://github.com/ipfs/scala-ipfs-api
swift-ipfs-api	Swift 語言實現的 IPFS API 相依函式庫	https://github.com/ipfs/swift-ipfs-api
net-ipfs-api	C# 語言實現的 IPFS API 相依函式庫	https://github.com/TrekDev/net-ipfs-api
cpp-ipfs-api	C++ 語言實現的 IPFS API 相依函式庫	https://github.com/vasild/cpp-ipfs-api
rust	Rust 語言實現的 IPFS API 相依函式庫	https://github.com/ferristseng/rust-ipfs-api

同時，如圖 6-7 所示，官方借助 Apiary.io 平台（一個可幫助企業軟體開發人員快速構建、使用、設計和記錄 Web API 的託管工具）為我們提供了附帶除錯功能的介面文件工具：https://ipfs.docs.apiary.io/#，方便開發人員直接在雲端除錯，不需要自己部署 IPFS 本機環境。

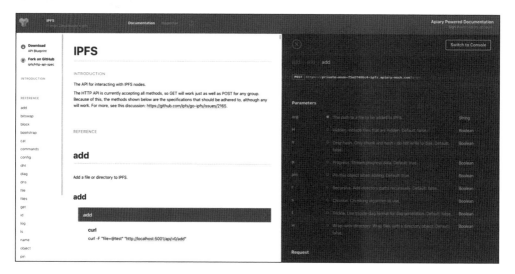

圖 6-7　　IPFS HTTP API 文件調校工具

6.7　本章小結

透過對本章的學習，我們了解到 IPFS 的部署安裝過程和基礎實戰操作，透過一些小的實例，了解了如何應用 IPFS 對檔案進行儲存、分發。同時，本章也對 IPFS 提供的基本命令列和端 API 訊息進行了比較詳細的介紹，我們可以利用這些針對開發者的功能去實現上層應用。第 7 章，我們將深入 IPFS 的一些進階實戰功能，對更深層次的優異特性進行介紹。

第 7 章

IPFS 開發進階

在第 6 章中，我們學習了 IPFS 開發相關的基礎知識，本章將介紹一些進階內容。主要包括如何在 IPFS 中發布動態內容，如何持久儲存 IPFS 網路中的資料，如何操作 MerkleDAG 物件，如何利用 IPFS Pubsub 功能發布訊息，以及私有 IPFS 網路的建構過程。希望讀者在讀完本章內容後，能使 IPFS 的開發技能得到更多提升。

7.1　在 IPFS 中發布動態內容

3.7 節曾介紹過 IPFS 命名層的設計原理，也介紹了一種能在易變環境中保持固定命名的方案—星際檔案命名系統（IPNS），它允許節點 ID 為限定的命名空間提供一個指向具體 IPFS 檔案或目錄的指標，透過改變這個指標，每次都指向最新的檔案內容，可以確保所有的查詢請求都會存取到最新的內容。本節將應用 IPNS 的方案實現一種能在 IPFS 中發布動態內容而不影響命名固定性的方法。

我們透過 IPFS 指令發布一個內容，並賦予其動態變化，如下所示：

```
// 建立內容檔案 test-ipns.txt
$ echo "This is a old version file" > test-ipns.txt
$ ipfs add test-ipns.txt
added QmWirfi1a9F5u8scbHsqr8EuUkU3NFbCek3vQYTLv6wZaf test-ipns.txt
```

使用 ipfs name publish 指令掛載目標檔案。

```
$ ipfs name publish QmWirfi1a9F5u8scbHsqr8EuUkU3NFbCek3vQYTLv6wZaf
Published to QmeUGXG4K4hbNPbKDUycmNsWrU3nDN69LLgHkWU2yUN6FZ: /ipfs/
QmWirfi1a9F5u8scbHsqr8EuUkU3NFbCek3vQYTLv6wZaf
```

這裡的 QmeUG……是節點 ID，可以透過 ipfs id 驗證。

```
$  ipfs id
{
    "ID": "QmeUGXG4K4hbNPbKDUycmNsWrU3nDN69LLgHkWU2yUN6FZ",
    ......
}
```

使用指令 ipfs name resolve 綁定節點 ID 訊息。

```
ipfs name resolve QmeUGXG4K4hbNPbKDUycmNsWrU3nDN69LLgHkWU2yUN6FZ
/ipfs/QmWirfi1a9F5u8scbHsqr8EuUkU3NFbCek3vQYTLv6wZaf
```

在瀏覽器中透過 IPNS 訪問內容驗證效果如圖 7-1 所示。

圖 7-1　IPNS 訪問檔案內容

接下來，我們對 test-ipns.txt 檔案進行修改，並將其添加到 IPFS 網路中。

```
$ echo "This is a new version file " >test-ipns.txt
$ ipfs add test-ipns.txt
added QmS1GsfjckvfuB4g1GbPjpJKf5aZMmPqddyx9VguUCK4UE test-ipns.txt
```

再修改節點 ID 與 IPFS 檔案的綁定關係，映射到新的內容檔案上。

```
$ ipfs name publish QmS1GsfjckvfuB4g1GbPjpJKf5aZMmPqddyx9VguUCK4UE
Published to QmeUGXG4K4hbNPbKDUycmNsWrU3nDN69LLgHkWU2yUN6FZ: /ipfs/
    QmS1GsfjckvfuB4g1GbPjpJKf5aZMmPqddyx9VguUCK4UE

$ ipfs name resolve QmeUGXG4K4hbNPbKDUycmNsWrU3nDN69LLgHkWU2yUN6FZ
/ipfs/QmS1GsfjckvfuB4g1GbPjpJKf5aZMmPqddyx9VguUCK4UE
```

我們再次訪問之前的定址路徑：http://localhost:8080/ipns/QmeUGXG4K4hbNPb
KDUycmNsWrU3nDN69LLgHkWU2yUN6FZ，可以看到新版本的內容如圖 7-2
所示。

圖 7-2　新版本的 test-ipns.txt 檔案內容

至此，我們已經實現了一種能在 IPFS 中發布動態內容而不影響命名固定性的方
法。值得注意的是，節點 ID 只有一個，假設需要同時保留多個這樣的映射實
例，那該怎麼辦？

其實 IPNS 的映射關係除了節點 ID 綁定檔案內容，還有一種是透過 RSA 公鑰
綁定檔案內容。透過 ipfs key list -l 指令可以看到本節點的所有公鑰 key 值。

```
$ ipfs key list -l
QmeUGXG4K4hbNPbKDUycmNsWrU3nDN69LLgHkWU2yUN6FZ self
```

由此可見，節點預設具有一個名為 self 的 Key，它的值正是節點 ID。ipfs name
publish 指令的完整形式如下：

```
ipfs name publish [--resolve=false] [--lifetime=<lifetime> | -t]
    [--ttl=<ttl>] [--key=<key> | -k] [--] <ipfs-path>
```

注意上述程式碼中的 -key 參數，如果不使用這個參數，則表示使用預設的 Key，也就是節點 ID。如果我們要用新的 Key 公鑰綁定檔案內容，就需要使用 ipfs key gen 建立新的 RSA 公鑰。

```
$ ipfs key gen  --type=rsa --size=2048 newkey
QmZMXGQ9UX9i2WuMtY6uWApXtoJoiT8vx2bCVdBB6ZooBG

$ ipfs key list -l
QmeUGXG4K4hbNPbKDUycmNsWrU3nDN69LLgHkWU2yUN6FZ self
QmZMXGQ9UX9i2WuMtY6uWApXtoJoiT8vx2bCVdBB6ZooBG newkey
```

嘗試用新的 RSA 公鑰映射一個新的 IPFS 檔案內容。

```
$ echo "This is another file" > another.txt
$ ipfs add another.txt
added QmPoyokqso3BKYCqwiU1rspLE59CPCv5csYhcPkEd6xvtm another.txt

$ ipfs name publish --key=newkey QmPoyokqso3BKYCqwiU1rspLE59CPCv5csY
    hcPkEd6xvtm
Published to QmZMXGQ9UX9i2WuMtY6uWApXtoJoiT8vx2bCVdBB6ZooBG: /ipfs/
    QmPoyokqso3BKYCqwiU1rspLE59CPCv5csYhcPkEd6xvtm

$ ipfs name resolve QmZMXGQ9UX9i2WuMtY6uWApXtoJoiT8vx2bCVdBB6ZooBG
/ipfs/QmPoyokqso3BKYCqwiU1rspLE59CPCv5csYhcPkEd6xvtm
```

這樣就成功透過新的 RSA 公鑰綁定檔案內容，並透過 IPNS 的新公鑰 ID 形式定址到內容，如圖 7-3 所示。

圖 7-3 新公鑰綁定的 another.txt 檔案內容

7.2 持久儲存 IPFS 網路資料

在 IPFS 網路中，固定資源是一個非常重要的概念，類似於一些即時通訊 app 的聊天置頂、重要文章內容的收藏或標記等概念。因為 IPFS 具有快取機制，我們透過 ipfs get 或 ipfs cat 對資料資源進行訪問讀取操作後，將使資源短期內保持在本機。但是這些資源可能會定期進行垃圾回收。要防止垃圾回收，需要對其進行 ipfs pin（固定）操作。透過該操作，每個倉庫節點都能將 IPFS 網路中的資料隨時固定儲存在本機且不被進行垃圾回收，進而在體驗上做到讓使用者感覺每個資源都是從本機讀取的，不像傳統 C/S 架構從遠端伺服器為使用者檢索這個檔案的場景。這樣做的好處是，可以提高部署在 IPFS 檔案系統上眾多應用的資料資源訪問效率，同時確保應用中珍貴資料的全網冗餘度，使其不會因為單點故障和垃圾回收策略而遺失，達到持久儲存 IPFS 網路資料的效果。

預設情況下，透過 ipfs add 添加的資源是自動固定在本機倉庫空間的。下面體驗一下 IPFS 中的固定操作機制。

固定操作機制具有添加、查詢、刪除等功能，我們可以透過 ipfs pin ls、ipfs pin rm、ipfs pin ls 等具體指令來操作。如下所示，我們透過建立了一個 testfile 本機資源，並加入 IPFS 網路，使用 ipfs pin ls 驗證固定資源的存在性，並透過 ipfs pin rm -r 遞迴刪除固定資源。

```
$ echo "This is JialeDai's data ! " > testfile
$ ipfs add testfile
$ ipfs pin ls --type=all

$ ipfs pin rm -r <testfile hash>
$ ipfs pin ls --type=all
```

在熟悉了固定操作機制的具體用法後，查看資料資源固定前後垃圾回收情況的對比效果。

```
echo "This is JialeDai's data ! " > testfile
ipfs add testfile
```

```
// 倉庫資源回收操作
ipfs repo gc
ipfs cat <testfile hash>

// 移除固定資源後
ipfs pin rm -r <testfile hash>
ipfs repo gc
ipfs cat <testfile hash>
// 訪問資源失效，已被回收
```

7.3　操作 IPFS Merkle DAG

Merkle Tree 和有向無環圖 DAG 技術是 IPFS 的核心概念，也是 Git、Bitcoin 和 Dat 等技術的核心。在 IPFS 檔案系統中，資料的儲存結構大部分足以 MerkleDAG 的形式構成，第 2 章對 MerkleDAG、MerkleTree、DAG 概念的原理和內在區別有過專門的介紹，本節重點介紹如何操作 IPFS 中的 MerkleDAG 物件。這部分知識在基於 IPFS 上構建更細粒度的資料型應用需求時（例如：分散式資料庫、分散式版本控制軟體），顯得尤為重要。

7.3.1　建立 Merkle DAG 結構

本節準備了一張大於 256KB 的樣例圖 merkle-tree-demo.jpg（863KB），來作為講解案例，如下所示。常用的 ipfs add 指令將預設為檔案建立 MerkleDAG 結構物件。

```
$ ipfs add merkle-tree-demo.jpg
added QmWNj1pTSjbauDHpdyg5HQ26vYcNWnubg1JehmwAE9NnU9
```

透過 ipfs object links -v 指令，可以驗證 MerkleDAG 的建立情況，並從內部查看該檔案的 MerkleDAG 結構訊息和子物件訊息。

```
QmUNquYLeK8vMTX6U6dDhwWNPG5VVywyHoAgbSoCb6JCUe 262158
QmPtKCEs6L6LgFECxuAh9VGxaxRKzGzwC8hsWKUS3wiFi3 262158
QmeVDmX4M7YcDVXuHL691KWhAYxxzmGkvspJJn5Ftt86XR 262158
```

```
QmPJ7u77a6Ud2G4PbRoScKyVkf1aHyLrJZPYqC17H6z5ke 262158
QmQrEi8D6kYXjk9UpjbpRuaGhn5fNYH6JQkK5irfpiGanc 262158
QmRQ1fAFuAvREUFT5e3qp5i1FE9AX93XEjaEwrr79QWBCD 262158
Qmaixh1bG2GiDVZ4U4HBDJ27B6Sxzch1hsDEC3na88uzpE 262158
```

如圖 7-4 所示，與檔案 merkle-tree-demo.jpg 對應的內容雜湊 QmUNqu 是 DAG
結構中根塊的雜湊包含了 4 個子塊，子塊和根塊形成了一種樹狀結構，且同時
具有 Merkle Tree 和 DAG 結構的特性，因此被稱為 Merkle DAG。

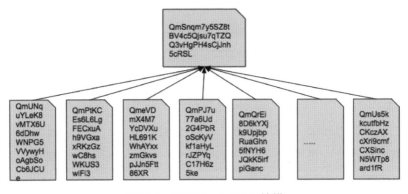

圖 7-4　IPFS Merkle DAG 結構

7.3.2　組裝子塊資料

我們可以透過 ipfs cat 指令來讀取整個檔案的內容，也可以單獨讀取每個
Merkle DAG 塊的內容，按照特定需求手動拼接子塊資料，更細粒度地控制來
源檔案或者來源檔案的資料內容。如下所示，我們將 QmPH、QmPC、QmS7、
QmQQ 子塊資料透過 ipfs cat 指令重新組裝成了新圖像 manually-rebuilt-tree-in-
cosmos.jpg。

```
$ ipfs cat QmPHPs1P3JaWi53q5qqiNauPhiTqa3S1mbszcVPHKGNWRh
QmPCuqUTNb21VDqtp5b8VsNzKEMtUsZCCVsEUBrjhERRSR
QmS7zrNSHEt5GpcaKrwdbnv1nckBreUxWnLaV4qivjaNr3
QmQQhY1syuqo9Sq6wLFAupHBEeqfB8jNnzYUSgZGARJrYa > manually-rebuilt-
    tree-in-cosmos.jpg
```

當然，圖片的拼合只是一個很小的案例，我們可以針對不同業務來活用子塊資料重組的功能。比如，想要製作一個語音密碼身份校驗系統，可以將校驗碼音訊資料分為多個子塊 A、B、C、D，透過 AB 子塊重新組裝出的子塊資料可以校驗一級身份，透過 ABC 重新組裝出的子塊資料可以校驗二級身份，透過 ABCD 組裝出的全塊資料可以校驗最進階身份。

7.3.3　區塊與物件的區別

在 IPFS 中，區塊（Block）指的是由其密鑰（散列）標識的單個資料單元。區塊可以是任何類型的資料，並且不一定具有與之關聯的任何格式。而物件（Object）是指遵循 Merkle DAG Protobuf 資料格式的區塊。它可以透過 ipfs object 指令解析和操作，ipfs object 訊息包含了除 Block 區塊訊息外更多的資料訊息，包括物件的 links 數量、區塊大小、資料大小等。而且，任何給定的散列可以標識物件訊息，也可以標識區塊訊息。如下所示，我們可以透過 ipfs block stat 和 ipfs object stat 指令來查看 Merkle DAG 區塊和物件資料訊息的區別。

```
// 同一 CID 的區塊訊息
$ ipfs block stat QmWNj1pTSjbauDHpdyg5HQ26vYcNWnubg1JehmwAE9NnU9
Key: QmWNj1pTSjbauDHpdyg5HQ26vYcNWnubg1JehmwAE9NnU9
Size: 200

// 同一 CID 的物件訊息
$ ipfs object stat QmWNj1pTSjbauDHpdyg5HQ26vYcNWnubg1JehmwAE9NnU9
NumLinks: 4
BlockSize: 200
LinksSize: 178
DataSize: 22
CumulativeSize: 862825
```

7.3.4　操作 Block

當我們在處理一些小資料的時候，可以不必透過 ipfs add 檔案切片的形式，而是直接操作 IPFS 區塊結構來進行資料的添加。尤其在處理巨量小檔案的場景需求下，可以顯著提高處理效率，如下所示：

```
// 儲存小資料進 Block
$ echo "This is JialeDai's data" | ipfs block put
QmWKV9mDErzUGUEL7rAsNeoB1gigx8UvnLFCJDneJDphSb

// 讀取 Block 中小資料
$ ipfs block get QmWKV9mDErzUGUEL7rAsNeoB1gigx8UvnLFCJDneJDphSb
This is JialeDai's data

// 查看 Block 訊息
$ ipfs block stat QmWKV9mDErzUGUEL7rAsNeoB1gigx8UvnLFCJDneJDphSb
Key: QmWKV9mDErzUGUEL7rAsNeoB1gigx8UvnLFCJDneJDphSb
Size: 24

// 刪除 Block 中小資料
$ ipfs block rm QmWKV9mDErzUGUEL7rAsNeoB1gigx8UvnLFCJDneJDphSb
removed QmWKV9mDErzUGUEL7rAsNeoB1gigx8UvnLFCJDneJDphSb
```

7.3.5　操作 Object

7.3.3 節介紹了 IPFS 物件的定義。如下所示，我們可以透過 ipfs object 指令來直接操作 DAG 物件，以實現區塊資料和物件的訊息查詢、修改添加等效果。

```
// 建立 IPFS DAG 物件
$ echo "This is JialeDai's data" | ipfs add
added QmYBrd1qV6rjrwK8JxkUWiqh9gMBNcrnRL18qWeMoC2Vrg

// 透過 IPFS Object Get 返回物件資料，輸出為 JSON 格式，具有 Links 和 Data 兩個屬性
$ ipfs object get QmYBrd1qV6rjrwK8JxkUWiqh9gMBNcrnRL18qWeMoC2Vrg
{"Links":[],"Data":"\u0008\u0002\u0012\u0018This is JialeDai's data\
    n\u0018\u0018"}

// 透過 IPFS Object Data 可以直接返回解碼後的 data 屬性資料
$ ipfs object data QmYBrd1qV6rjrwK8JxkUWiqh9gMBNcrnRL18qWeMoC2Vrg
This is JialeDai's data

// 建立內容為 :'this is a patch' 的測試檔案 patch.txt
echo "this is a patch" > ./patch.txt
// 透過 ipfs object patch 指令為已有物件添加資料
$ ipfs object patch append-data
QmYBrd1qV6rjrwK8JxkUWiqh9gMBNcrnRL18qWeMoC2Vrg ./patch.txt
QmdVoCGt5gpvEdrmaVxLP9ZYjGN465mRz9tvLAPYq4gxvT
```

```
// 成功把新內容和原來的 `QmYB...` 物件合併為新內容物件
$ ipfs object data QmdVoCGt5gpvEdrmaVxLP9ZYjGN465mRz9tvLAPYq4gxvT
This is JialeDai's data this is a patch
```

值得注意的是：IPFS Object 的分片思想和 Block 分片類似，檔案儲存於 Block 之中，預設超出 256KB 會自動觸發分片機制，生成新 Block。而對於 Object 而言，預設子物件 Links 數量值超過 174 個也將生成新 Object。如下所示：

```
// 對一個 512MB 的影片檔案進行物件生成
$ ipfs add 512-mb-big-file.mp4
added  QmYGYgzQn3YjKPrx1BZTg1CikHiB62PkJiZy8rwxBqS4ZJ  512-mb-big-
    file.mp4

// 查詢父層物件 KEY
$ ipfs object links QmYGYgzQn3YjKPrx1BZTg1CikHiB62PkJiZy8rwxBqS4ZJ
QmTsqiFCiKHPtj5KGGxebo6br2SUo6UhUmuwipaGHk9usr 45623854
QmRaZgpYX23JvR37iPrFGKQJdQeBLpefJD1r5tEVN85PCJ 45623854
...
QmZm8TXvoA85rqCSwbgXCGY5w1kHHrx5gWtoLWNx8qo7HN 12014919

// 統計子層物件 links 數
$ ipfs object stat QmTsqiFCiKHPtj5KGGxebo6br2SUo6UhUmuwipaGHk9usr
NumLinks: 174
BlockSize: 8362
LinksSize: 7659
DataSize: 703
CumulativeSize: 45623854


// 統計子層另一個物件 links 數
$ ipfs object stat QmRaZgpYX23JvR37iPrFGKQJdQeBLpefJD1r5tEVN85PCJ
NumLinks: 174
BlockSize: 8362
LinksSize: 7659
DataSize: 703
CumulativeSize: 45623854
```

當然，除了上述幾種常用的物件操作範例外，還有很多關於 ipfs object 的用法、功能等待我們發掘，我們可以在實際開發中，根據自身需求動手嘗試。

7.4　IPFS Pubsub 功能的使用

Pubsub（Publish-subscribe pattern，發布訂閱模式），最早是由蘋果公司在 MacOS 中引入的。即訊息的發送者（publisher）不直接將訊息發送給接收者（subscriber），而是將訊息分成多個類別，發送者並不知道也無須知道接收者的存在。而接收者只需要訂閱一個或多個類別的訊息，只接收感興趣的訊息，不知道也無須知道發布者的存在。從事軟體開發工作的朋友對於觀察者模式（Observer）並不陌生。Pubsub 類似於軟體設計模式中的觀察者模式，但又不完全相同，Pubsub 比 Observer 更加鬆耦合。

Pubsub 功能目前還屬於 IPFS 的一個實驗性質的功能，如果要開啟 Pubsub 功能，在啟動 ipfs daempon 時需要指定參數：--enable-pubsub-experiment。

Pubsub 相關的指令如下：

❑ ipfs pubsub ls：列出本節點訂閱的全部主題。

❑ ipfs pubsub peers：列出與本節點相連線的開通 pubsub 功能的節點。

❑ ipfs pubsub pub <topic> <data>：發布資料到相應的主題。

❑ ipfs pubsub sub <topic>：訂閱主題。

下面將透過一個實例說明 IPFS Pubsub 的使用方法，並動手建構兩個跨越不同網路、不同地域的 IPFS 節點，透過 Pubsub 功能進行節點間訊息通訊。

1. 準備節點環境

對於 A 節點（本機節點），我們需要進行以下準備：

❑ IPFS 節點 ID：QmTrRNgt6M9syRq8ZqM4o92Fgh6avK8v862n2QZLyDPywY

❑ IPFS 位址：192.168.162.129（保護隱私，沒有使用公網 IP）

對於 B 節點（亞馬遜 AWS），我們需要進行以下準備：

❏ IPFS 位址：13.231.198.154

❏ IPFS 節點位址：/ip4/13.231.198.154/tcp/4001/ipfs/QmXL2h6Y51BHZMaypzjC
nNc1MiVk2H5EZJxWgAuRkLanaK

2. 啟動節點 B

啟動 B 節點的方法如下：

```
ipfs daemon --enable-pubsub-experiment
```

注意這裡需要使用參數 –enable-pubsub-experiment。

3. 將節點 A 與 B 直連

刪除節點 A 全部的 bootstrap 位址。

```
ipfs bootstrap rm all
```

在 A 節點處添加 B 節點為 bootstrap 節點。

```
ipfs bootstrap add
/ip4/13.231.198.154/tcp/4001/ipfs/QmXL2h6Y51BHZMaypzjCnNc1MiVk2H5EZJ
    xWgAuRkLanaK
```

4. 啟動節點 A

啟動 A 節點的方法如下：

```
ipfs daemon --enable-pubsub-experiment
```

同上，需要使用參數 –enable-pubsub-experiment。

5. Pubsub 訊息

在 A 節點上新開一個命令列，執行如下指令：

```
localhost:aws tt$ ipfs pubsub sub IPFS-Book
```

上述指令的含義是，我們在節點 A 訂閱了訊息主題：IPFS-Book。凡是發往這個訊息主題的訊息都會被 A 節點接收。

在 B 節點對訊息主題 IPFS-Book 發送以下訊息：

```
ubuntu@ip-172-31-22-177:$ ipfs pubsub pub IPFS-Book
"Author:TianyiDong,JialeDai,YumingHuang!"
```

這時候就可以在 A 節點的命令列看到如下訊息輸出：

```
Author:TianyiDong,JialeDai,YumingHuang!
localhost:aws tt$ ipfs pubsub sub IPFS-Book
Author:TianyiDong,JialeDai,YumingHuang!
```

我們看到了兩個跨越不同網路、不同地域的 IPFS 節點進行 Pubsub 功能的通訊。實際上，Pubsub 功能不只限於兩個直連的節點間，還可以透過中間節點進行中轉。例如：有 A、B、C 三個節點，A 連線到 B，B 連線到 C，A 與 C 並不直接連線，那麼 A 仍然可以訂閱並且收到來自於 C 的訊息。這在一些複雜的網路環境裡面非常有用，比如一些 NAT 不太友好的網路環境。

Pubsub 的功能有很多用途，目前 IPFS 上有兩個標杆應用是基於 Pubsub 功能進行建構的，一個是分散式資料庫 orbit-db，一個是點對點的聊天工具 Orbit。大家也可以發揮自己的想像，將這項功能使用在更多應用場景中。

7.5　私有 IPFS 網路的建構與使用

我們知道 HTTP 可以建構專屬私網，那麼 IPFS 是否也可以建構自己的私有網路呢？答案是肯定的。本節我們將學習 IPFS 私有網路的建構步驟和私有網路的傳輸效果。

要想建構一個私有網路，首先需要進行網路環境的前期準備，這裡計劃使用三台雲端主機和一台本機機器來進行構建。同時，生成私網密鑰，隔離與外網環境的通訊。之後，驗證網路的連通情況，並在私網中進行檔案傳輸測試，觀察傳輸效果。

7.5.1　環境準備

對 A 節點（本機節點（Mac））進行以下準備。

❏ IP：動態 IP。

❏ IPFS 節點 ID：QmTrRNgt6M9syRq8ZqM4o92Fgh6avK8v862n2QZLyDPywY。

對 B 節（亞馬遜 AWS）進行以下準備。

❏ IP：13.230.162.124。

❏ IPFS 節點 ID：QmRQH6TCCq1zpmjdPKg2m7BrbVvkJ4UwnNHWD6ANLqrdws。

對 C 節點（亞馬遜 AWS）進行以下準備。

❏ IP：13.231.247.2。

❏ IPFS 節點 ID：QmTTEkgUpZJypqw2fXKagxFxxhvoNsqfs5YJ9zHLBoEE29。

對 D 節點（亞馬遜 AWS）進行以下準備。

❏ IP：13.114.30.87。

❏ IPFS 節點 ID：Qmc2AH2MkZtwa11LcpHGE8zW4noQrn6xue7VcZCMNYTpuP。

7.5.2　共享密鑰

私有網路所有的節點必須共享同一個密鑰,首先使用密鑰建立工具建立一個密鑰,該工具的安裝下載需要使用 Go 環境。關於 Go 語言的安裝此處不過多介紹,可以登入 Go 語言官網下載安裝設定。

```
go get -u http://github.com/Kubuxu/go-ipfs-swarm-key-gen/ipfs-swarm-key-gen
```

建立密鑰:

```
ipfs-swarm-key-gen > ~/.ipfs/swarm.key
```

建立完成後,將密鑰檔案放在自己的 IPFS 預設設定檔案夾中(~/.ipfs/)。

7.5.3　上傳密鑰至節點

使用了 scp 上傳密鑰檔案至遠端伺服器。

```
scp -i ss-server.pem ~/.ipfs/swarm.key ubuntu@13.114.30.87:~/.ipfs/
scp -i ss-server.pem ~/.ipfs/swarm.key ubuntu@13.230.162.124:~/.ipfs/
scp -i ss-server.pem ~/.ipfs/swarm.key ubuntu@13.231.247.2:~/.ipfs/
```

7.5.4　添加啟動節點

執行 ipfs init 指令後預設啟動的節點是連線 IPFS 公網的節點。如果要連線私有網路,在每一個節點執行如下操作,刪除所有的預設啟動節點。

```
ipfs bootstrap rm -all
```

然後添加一個自己的預設節點(私有網路中的一個節點),預設節點可以是 A、B、C、D 中的任何一個。

我們選取 D 節點作為啟動節點，在 A、B、C 節點執行如下操作，把 D 節點的
位址添加到 A、B、C 節點中。

```
ipfs bootstrap add
/ip4/13.114.30.87/tcp/4001/ipfs/Qmc2AH2MkZtwa11LcpHGE8zW4noQrn6xue7V
    cZCMNYTpuP
```

7.5.5　啟動並查看各個節點

設定好各自的節點訊息後，分別啟動各個節點，並透過 ipfs swarm peers 指令查
看節點彼此的線上連通情況。A 節點成功綁定並連線上 B、C、D 節點，如圖
7-5 所示。

```
tt-3:Downloads tt$ ipfs swarm peers
/ip4/13.114.30.87/tcp/4001/ipfs/Qmc2AH2MkZtwa11LcpHGE8zW4noQrn6xue7VcZCMNYTpuP
/ip4/13.230.162.124/tcp/4001/ipfs/QmRQH6TCCq1zpmjdPKg2m7BrbVvkJ4UwnNHWD6ANLqrdws
/ip4/13.231.247.2/tcp/4001/ipfs/QmTTEkgUpZJypqw2fXKagxFxxhvoNsqfs5YJ9ZHLBoEE29
tt-3:Downloads tt$ ▮
```

圖 7-5　A 節點成功與其他節點相連

B 節點成功綁定並連線上 A、C、D 節點，如圖 7-6 所示。

```
ubuntu@ip-172-31-26-222:~$ ipfs swarm peers
/ip4/13.114.30.87/tcp/4001/ipfs/Qmc2AH2MkZtwa11LcpHGE8zW4noQrn6xue7VcZCMNYTpuP
/ip4/13.231.247.2/tcp/4001/ipfs/QmTTEkgUpZJypqw2fXKagxFxxhvoNsqfs5YJ9ZHLBoEE29
/ip4/223.72.94.26/tcp/14081/ipfs/QmTrRNgt6M9syRq8ZqM4o92Fgh6avK8v862nZQZLyDPywY
ubuntu@ip-172-31-26-222:~$ ▮
```

圖 7-6　B 節點成功與其他節點相連

C 節點成功綁定並連線上 A、B、D 節點，如圖 7-7 所示。

```
Last login: Fri Mar 30 18:09:41 2018 from 223.72.94.26
ubuntu@ip-172-31-18-30:~$ ipfs swarm peers
/ip4/13.230.162.124/tcp/4001/ipfs/QmRQH6TCCq1zpmjdPKg2m7BrbVvkJ4UwnNHWD6ANLqrdws
/ip4/13.231.247.2/tcp/4001/ipfs/QmTTEkgUpZJypqw2fXKagxFxxhvoNsqfs5YJ9ZHLBoEE29
/ip4/223.72.94.26/tcp/13997/ipfs/QmTrRNgt6M9syRq8ZqM4o92Fgh6avK8v862nZQZLyDPywY
ubuntu@ip-172-31-18-30:~$ ▮
```

圖 7-7　C 節點成功與其他節點相連

D 節點已成功綁定並連線上 A、B、C 節點，如圖 7-8 所示。

```
ubuntu@ip-172-31-16-152:~$ ipfs swarm peers
/ip4/13.114.30.87/tcp/4001/ipfs/Qmc2AH2MkZtwa11LcpHGE8zW4noQrn6xue7VcZCMNYTpuP
/ip4/13.230.162.124/tcp/4001/ipfs/QmRQH6TCCq1zpmjdPKg2m7BrbVvkJ4UwnNHWD6ANLordws
/ip4/223.72.94.26/tcp/14083/ipfs/QmTrRNgt6M9syRq8ZqM4o92Fgh6avK8v862n2QZLyDPywr
ubuntu@ip-172-31-16-152:~$ █
```

圖 7-8　D 節點成功與其他節點相連

我們發現 4 個節點相互連在了一起，這就是我們的私有 IPFS 網路。下面將在私有網路中做一些簡單的測試，看看私有網路的效能到底如何。

在本機節點 A 上添加資料。

```
tt-3:Downloads tt$ ipfs add Brave-0.20.42.dmg
added QmbZ7NWHbP5edCF4BvSvfW97MdpZhcwZ3WJTp3Cd3od9Vg Brave-0.20.42.dmg
```

在其他幾個節點處下載資料。

```
ubuntu@ip-172-31-26-222:~/ipfs$ ipfs get QmbZ7NWHbP5edCF4BvSvfW97Mdp
    ZhcwZ3WJTp3Cd3od9Vg
Saving file(s) to QmbZ7NWHbP5edCF4BvSvfW97MdpZhcwZ3WJTp3Cd3od9Vg
149.80 MB / 149.80 MB [=======================================]
    100.00% 2m58
ubuntu@ip-172-31-18-30:~$ ipfs get QmbZ7NWHbP5edCF4BvSvfW97MdpZhcwZ3
    WJTp3Cd3od9Vg
Saving file(s) to QmbZ7NWHbP5edCF4BvSvfW97MdpZhcwZ3WJTp3Cd3od9Vg
149.80 MB / 149.80 MB [=======================================]
    100.00% 2m58s
ubuntu@ip-172-31-16-152:~$ ipfs get QmbZ7NWHbP5edCF4BvSvfW97MdpZhcwZ
    3WJTp3Cd3od9Vg
Saving file(s) to QmbZ7NWHbP5edCF4BvSvfW97MdpZhcwZ3WJTp3Cd3od9Vg
149.80 MB / 149.80 MB [=======================================]
    100.00% 2s
```

從上面的測試可以看出，我們首先在本機節點（位於中國的北京）上 add 了檔案 QmbZ……。然後在亞馬遜的伺服器節點（位於日本東京區域）進行檔案下載，150MB 的檔案在 B、C 節點上下載使用了 2 分 58 秒，而在 D 節點上下載僅用了 2 秒。這是因為 B、C 節點設定了同時啟動 ipfs get 來從 A 下載檔案，而 D 節點等前面 B、C 節點下載完成後才啟動 ipfs get 指令。D 節點透過從 A、B、C 節點分別非同步傳輸進行下載，且 B、C 節點都在亞馬遜機房，內網傳輸會使速度快上加快，所以 D 節點下載該檔案瞬間完成。

透過本節的介紹可以看見，運用 IPFS 建構的私有網路對於一些大型企業內部的資料分發和加速會是一個很好的應用點。

7.6　本章小結

本章介紹了更多關於 IPFS 進階開發的案例，也透過這些案例帶著大家熟悉了更多 IPFS 指令的使用。我們可以基於 IPFS 發布動態內容，持久化儲存資料，直接操作 Merkle DAG 物件，利用 Pubsub 實現訊息訂閱，以及建構專屬 IPFS 私有網路等。相信在閱讀完本章內容後，你已經能體會到 IPFS 不僅是一個檔案儲存系統，它還自帶很多強大的功能和應用特性。基於這些，我們可以充分發揮自己的想像，構建屬於自己的上層應用。第 8 章將基於此，拋磚引玉，為大家開發兩個實戰應用。

第 8 章

IPFS 專案實作

掌握了 IPFS 的基本原理和使用方法之後，我們即將進入實戰環節。我們將透過兩個專案，分別為大家介紹如何基於 go-ipfs 最佳化 Git 分散式服務，以及如何利用 js-ipfs 建構串流媒體播放器。我們將整合更多前後端技術參與應用開發，並引導讀者在實踐案例中更加靈活地使用 IPFS 技術。

8.1　利用 go-ipfs 最佳化 Git 分散式服務

Git 是目前世界上最流行的分散式版本控制系統，用於敏捷高效地處理任何專案。它與常用的版本控制工具 CVS、Subversion 等不同，採用的是分散式版本庫的方式，在本機即可支援大部分的控制操作，凡是進行軟體開發的工作人員應該都熟悉這個工具。在平常的開發工作中，我們除了要使用本機 Git 服務外，還經常需要同步資料至遠端倉庫，這樣有利於備份專案檔案和團隊協作。

基於這種場景，我們會自己建構並維護一台 Git 伺服器作為私有遠端倉庫使用。當然，如果覺得自己建構比較煩瑣，為了便捷，也可使用類似 Github、CitLab 這類的第三方雲端平台來管理。

本專案期望將我們之前常維護在私有伺服器或第三方雲端平台上的 Git 遠端倉庫下沉部署到端側，並透過 IPFS 網路分發倉庫鏡像，快速、便捷地實現一個無伺服器架構（Serverless）的 Git 叢集。對於團隊來說，成員的工作空間既可以作為本機倉庫，也可以作為服務於其他成員的 Git Server，這也將充分擴大 Git 系統的分散式服務效果，避免第三方雲端平台帶來的成本開銷和資料安全隱患。

接下來，我們借助 go-ipfs 來建構一個更加分散式化的版本控制服務模型，如圖 8-1 所示。

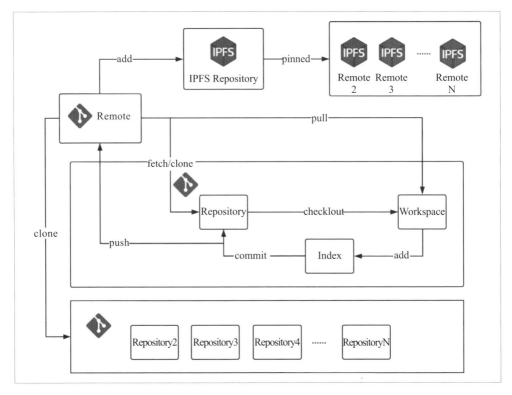

圖 8-1　基於 IPFS 的 Git 分散式版本控制服務模型

8.1.1　相依安裝

在開始專案之前，我們需要先確認在本機已安裝好了以下兩個重要的工具：Git 和 go-ipfs。go-ipfs 的具體安裝過程可以參考第 6 章，這裡不再詳細描述，主要介紹一下 Git 的安裝過程。

登入 Git 的官方網站（https://git-scm.com/downloads），請根據自身的作業系統選擇對應版本，下載 Git 工具的安裝套件。

如果是 Mac OSX 系統的使用者，也可以透過 brew 套件管理工具進行安裝。

```
brew install git
```

如果是 CentOS 系統的使用者，也可以透過 yum 套件管理工具進行安裝。

```
yum install git
```

本專案安裝的相依版本訊息如下：

```
- git version 2.16.0 - go-ipfs version 0.4.17
```

8.1.2　初始化 Git 倉庫

首先，我們可以建立或者從遠端抓取一個我們想要掛載在 IPFS 網路中的 Git 倉庫。本專案將以名為 ipfs-md-wiki 的遠端倉庫為例。

```
$ cd Desktop
// --bare: 不包含工作區，直接就是版本的內容
$ git clone --bare https://github.com/daijiale/ipfs-md-wiki
```

這裡選取了一個之前託管在 Github 上的程式碼倉庫 ipfs-md-wiki 作為本例中的遷移物件，如圖 8-2 所示。

首先透過 git clone --bare 指令將遠端倉庫（Remote）的裸倉庫複製到本機，裸倉庫是一個不包含目前工作目錄的倉庫，因為即將掛載到 IPFS 中的 Git 倉庫將作為服務共享的角色，模擬 Git 伺服器。

同時，對於一個 bare 型 Git 裸倉庫，想要透過 HTTP 的方式以便其他人獲取和複製，還需要設定一個特定的 PoSt-update hook，Git 附帶的 PoSt-update hook 會預設執行指令 git update-server-info 來確保倉庫能被複製和使用。

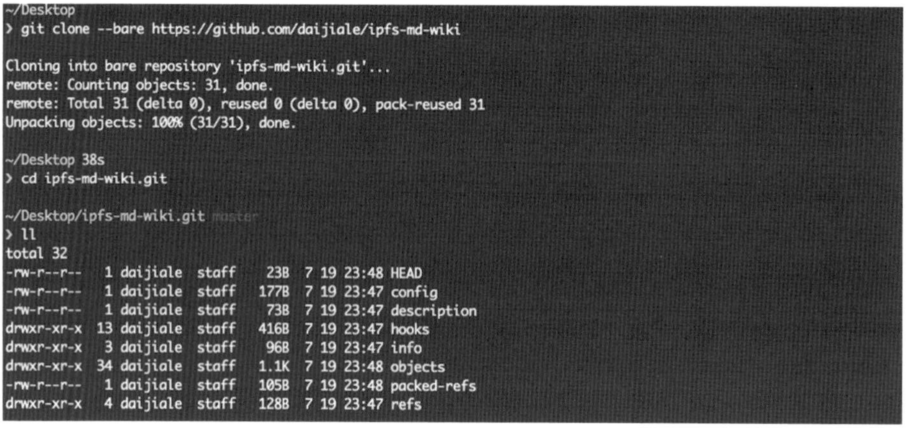

```
~/Desktop
> git clone --bare https://github.com/daijiale/ipfs-md-wiki

Cloning into bare repository 'ipfs-md-wiki.git'...
remote: Counting objects: 31, done.
remote: Total 31 (delta 0), reused 0 (delta 0), pack-reused 31
Unpacking objects: 100% (31/31), done.

~/Desktop 38s
> cd ipfs-md-wiki.git

~/Desktop/ipfs-md-wiki.git master
> ll
total 32
-rw-r--r--    1 daijiale  staff     23B   7 19 23:48 HEAD
-rw-r--r--    1 daijiale  staff    177B   7 19 23:47 config
-rw-r--r--    1 daijiale  staff     73B   7 19 23:47 description
drwxr-xr-x   13 daijiale  staff    416B   7 19 23:47 hooks
drwxr-xr-x    3 daijiale  staff     96B   7 19 23:47 info
drwxr-xr-x   34 daijiale  staff    1.1K   7 19 23:48 objects
-rw-r--r--    1 daijiale  staff    105B   7 19 23:48 packed-refs
drwxr-xr-x    4 daijiale  staff    128B   7 19 23:47 refs
```

圖 8-2　倉庫遷移物件實例

```
$ cd ipfs-md-wiki.git
$ git update-server-info
```

之後，我們打開 Git 倉庫物件包，將大的 packfile 分解成所有的單獨物件，以便 Git 倉庫中存在多分支版本情況時，也能一一被 IPFS 網路識別並添加。

```
$ cp objects/pack/*.pack .
$ git unpack-objects < ./*.pack
$ rm ./*.pack
```

8.1.3　IPFS 網路掛載

本機倉庫環境準備好了之後，剩下要做的就是把它添加到 IPFS 檔案系統中，並發布至 IPFS 網路中更多線上節點上。

```
$ ipfs id
{
    "ID": "Qme...FZ",
    ...
}
$ ipfs daemon
$ ipfs add -r .
...
...
...
added QmS...ny ipfs-md-wiki.git
```

我們已經將 ipfs-md-wiki.git 添加到了本機 IPFS 檔案倉庫中，並獲取其對應的 CID 訊息："QmS...ny"。接下來，我們還需要做的就是將 CID 為 "QmS...ny" 的內容發布至 IPFS 網路中的更多節點上。具體有以下兩種方式。

1. 透過新節點 pin add

按照之前的方式，再部署一個新的 IPFS 節點，並啟動 daemon，透過 ipfs pin add QmS...ny 指令掛載一份 Git Remote 倉庫服務。

```
$ ipfs id
{
    "ID": "Qmd...JW",
    ...
}
$ ipfs daemon
$ ipfs pin add QmS..ny
```

當然，這種透過新節點 pin add 的方式往往需要我們自己維護，以保障新節點的穩定性。這樣做和自己部署多個 Git Remote 至多台伺服器的效果類似，並沒有完全利用到 IPFS 網路的便捷性。那麼，接下來，我們將介紹另一種方式，來提升最佳化優勢。

2. 透過第三方匣道掛載

透過第 6 章的學習我們知道，IPFS 內建了以 HTTP 形式對外提供介面服務的功能，而對於很多提供了匣道服務的第三方 IPFS 節點（如：設定檔案 Bootstrap 中的官方節點、Cloudflare 的全球 CDN 節點、Infura 的測試節點等），都會預設響應外部 HTTP 的請求而主動掛載資料。我們可以打開瀏覽器，透過 HTTP Get 請求一些主流的第三方匣道服務。

```
https://cloudflare-ipfs.com/ipfs/QmS..ny

https://ipfs.io/ipfs/QmS..ny

https://ipfs.infura.io/ipfs/QmS..ny
```

效果類似第三方節點主動發起 ipfs get 以及 ipfs pin add 操作。

最後，當我們將 Git Remote CID 訊息發布至多個 IPFS 網路節點後，可以透過 ipfs dht findprovs 指令根據 CID 訊息來反向查詢節點訊息，進而驗證 Git Remote 目前的分散式部署情況。

```
$ ipfs daemon
$ ipfs dht findprovs QmS...ny
Qme...FZ // 本機節點 id
Qmd...JW // pin 節點 id
QmS...hm // 第三方匣道節點 id
```

8.1.4　用 Git 從 IPFS 網路複製倉庫

現在，我們用 Git 工具，對剛才添加進 IPFS 網路中的 Git Remote 倉庫進行複製操作。

```
$ git clone https://cloudflare-ipfs.com/ipfs/QmS...ny ipfs-md-wiki-repo
```

我們將抓取到本機的倉庫重新命名為 ipfs-md-wiki-repo，以便和遠端倉庫 ipfs-md-wiki 做區分。比較圖 8-3 和圖 8-4，我們查看一下 ipfs-md-wiki-repo 的倉庫結構，和原先託管於 Github 的原遠端倉庫對比，資料一致性得到了很好的保障，專案檔案也均同步過來了。

至此，我們利用 go-ipfs 最佳化了 Git 分散式服務模型。如果未來大部分 Git 的倉庫專案檔案都廣泛地部署於 IPFS 網路之中，那將會誕生很多有意思的場景。例如：當我們在編寫程式時，匯入的相依函式庫經常使用的是 Git 原始碼庫，而且原始碼庫經常會因其他人的提交而改變，進而影響我們本機的開發環境編譯。如下面的例子：

```
import (
    "github.com/daijiale/ipfs-md-wiki"
)
import (
    mylib "gateway.ipfs.io/ipfs/QmS...ny"
)
```

```
~/Downloads
> cd ipfs-md-wiki-repo

~/Downloads/ipfs-md-wiki-repo master
> ll
total 32
-rw-r--r--   1 daijiale  staff   1.0K   7 20 00:47 LICENSE
-rw-r--r--   1 daijiale  staff   4.1K   7 20 00:47 README-zh.md
-rw-r--r--   1 daijiale  staff   3.7K   7 20 00:47 README.md
drwxr-xr-x   7 daijiale  staff   224B   7 20 00:47 go-ipfs
drwxr-xr-x   7 daijiale  staff   224B   7 20 00:47 wiki-release
```

圖 8-3　ipfs-md-wiki-repo 本機倉庫結構

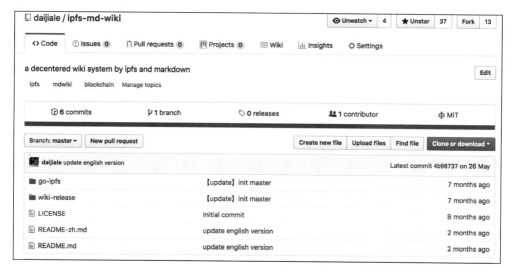

圖 8-4　ipfs-md-wiki 遠端倉庫結構

這是一段 Go 語言的程式碼，執行的是匯入相依套件的指令，透過本專案所建構的 Git 分散式服務模型，用 IPFS 的 CID 指紋唯一標識了每個版本的 Git 原始碼庫，可以避免一些變更風險。需要更新版本時，也可根據 CID 來自由切換、指定匯入。

8.2　基於 js-ipfs 建構一個串流媒體播放系統

在上一節中，我們嘗試利用 go-ipfs 最佳化現有的 Git 倉庫模型。本節我們將解析官方實例，介紹如何基於 js-ipfs（星際檔案系統的另一個協定實現函式庫）來建構一個輕量級的串流媒體影片 Web 應用程式。如今，已經是短片和直播的天下，我們將在本節探索一下如何將 IPFS 技術應用於串流媒體資料。

8.2.1　構建 Node.js 開發環境

在進行本專案開發之前，我們需要先準備一下基礎開發環境，大部分依賴在於前端，我們為此需要先行安裝 Node.js 開發環境。

Node.js 是一個事件驅動 I/O 的服務端 JavaScript 環境，基於 Google 的 V8 引擎，執行 JavaScript 的速度非常快，效能非常好。它發布於 2009 年 5 月，由 Ryan Dahl 開發，其並不是一個 JavaScript 框架，不同於 CakePHP、Django、Rails；更不是瀏覽器端的函式庫，不能與 jQuery、ExtJS 相提並論。Node.js 是一個讓 JavaScript 執行在服務端的開發平台，它讓 JavaScript 成為像 PHP、Python、Perl、Ruby 等服務端腳本語言一樣，用來開發服務端應用程式。

Node.js 的下載安裝十分簡單、快速，靈活，如圖 8-5 所示。我們可以在 Node.js 的官網下載適合自己作業系統的安裝套件：https://nodejs.org/zh-tw/download/。

安裝完成後，在終端中鍵入 npm -v 和 node -v 來驗證環境是否部署成功。如下所示。本書範例採用的是 6.4.1 版本的 npm 套件管理工具和 11.0.0 的 Node.js 環境。

圖 8-5　Node.js 下載

```
$ npm -v
6.4.1
$ node -v
v11.0.0
```

之後，建立專案資料夾 video-stream-ipfs，並在資料夾根目錄下透過 npm init 指令建立專案描述檔案 package.json。

```
{
    "name": "ipfs-video-stream",
    "version": "1.0.0",
    "description": "",
    "main": "index.js",
    "scripts": {
        "test": "echo \"Error: no test specified\" && exit 1"
    },
    "author": "",
    "license": "ISC",
}
```

本例專案目錄結構如下所示：

```
- video-stream-ipfs
    - index.js // main 檔案
    - package.json // npm 項目描述檔案
```

8.2.2 使用 Webpack 構建專案

什麼是 Webpack？Webpack 可以看作模組打包機，它做的事情是分析你的專案結構，找到 JavaScript 模組及其他的一些瀏覽器不能直接執行的擴展語言（如 Scss、TypeScript 等），並將其轉換和打包為合適的格式供瀏覽器使用。如圖 8-6 所示，Webpack 的工作方式是：把你的專案當作一個整體，透過一個給定的主檔案（如：index.js），Webpack 將從這個檔案開始找到你的專案的所有依賴檔案，使用 loaders 處理它們，最後打包為一個（或多個）瀏覽器可識別的 JavaScript 檔案。

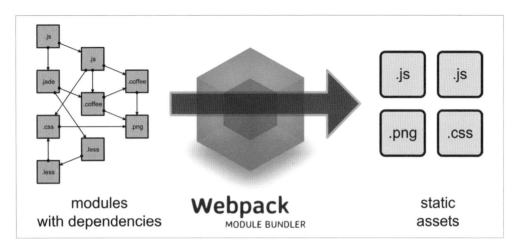

圖 8-6　Webpack 的工作方式

1. Webpack 設定

在開始之前，請確保已經完整安裝 Node.js 的長期支援版本（Long Term Support, LTS）。若使用舊版本，可能將遇到因缺少 Webpack 相關 Package 而出現的問題。在本例中，我們考慮到用 CLI 這種方式來執行本機的 Webpack 不是特別方便，我們將在 package.json 中添加 Webpack 的 devDependencies 和 npm script 來安裝和啟動 Webpack，同時也指定專案執行腳本指令、構建指令，以及分配測試環境網路埠。

```
"scripts": {
        "build": "webpack",
        "start": "npm run build && http-server dist -a 127.0.0.1 -p 8888"
    },

"devDependencies": {
        "webpack": "^3.11.0"
    },
```

Webpack 會假定專案的入口起點為 src/index，然後在 dist/main.js 輸出結果，並且在生產環境開啟壓縮和最佳化，開箱即用，可以無須使用任何設定檔案。我們可以在專案根目錄下建立一個 webpack.config.js 檔案來深度訂製設定，Webpack 會自動使用它。本專案的 webpack.config.js 設定如下：

```
'use strict'
const path = require('path')
const UglifyJsPlugin = require('uglifyjs-webpack-plugin')
const HtmlWebpackPlugin = require('html-webpack-plugin')

module.exports = {
    devtool: 'source-map',
    // 指定專案入口檔案
    entry: [
        './index.js'
    ],
    plugins: [
        // 構建 JS 解析器
        new UglifyJsPlugin({
            sourceMap: true,
            uglifyOptions: {
                mangle: false,
                compress: true
            }
        }),
        // 設定 Html 構建訊息
        new HtmlWebpackPlugin({
            title: 'IPFS Video Stream Demo',
            template: 'index.html'
        })
    ],
    // 指定輸出 bundle 名稱和路徑
    output: {
        path: path.join(__dirname, 'dist'),
        filename: 'bundle.js'
    }
}
```

調整完成的專案目錄結構如下所示：

```
video-stream-ipfs
 - index.html // HTML 頁面入口
 - index.js // module 入口檔案
 - package.json // 描述檔案
 - readme.md // 專案使用說明
 - utils.js // 工具類封裝
 - webpack.config.js // Webpack 設定檔案
```

8.2.3　開發播放器模組

本小節將開始動手開發基於瀏覽器的播放器模組，播放器模組主要由影片源
輸入框、播放響應按鈕、影片播放視窗三部分組成。首先，我們在入口檔案
index.html 中編寫播放器模組的前端元素和樣式程式碼。

```css
/* 定義區塊元素容器，並設定全域樣式 */

<head>
<style type="text/css">
body {
    margin: 0;
    padding: 0;
}

#container {
    display: flex;
    height: 100vh;
}

#form-wrapper {
    padding: 20px;
}

form {
    padding-bottom: 10px;
    display: flex;
}

#hash {
    display: inline-block;
    margin: 0 10px 10px 0;
    font-size: 16px;
    flex-grow: 2;
    padding: 5px;
}

button {
    display: inline-block;
    font-size: 16px;
    height: 32px;
}
```

```
video {
    max-width: 50vw;
}
</style>
</head>
<body>

<!-- 在元件中引入HTML DOM事件物件ondrop，在拖曳串流媒體檔案動作完成後響應特定事件 -->
<div id="container" ondrop="dropHandler(event)">
    <div id="form-wrapper">
        <form>
            <!-- 設定串流媒體檔案CID hash的顯示框，將在完成添加後被非同步更新 -->
            <input type="text" id="hash" placeholder="Hash" disabled />
            <!-- 設定從 js-ipfs 中播放串流媒體內容的啟動按鈕 -->
            <button id="gobutton" disabled>Go!</button>
        </form>
        <!-- 在元件中引入 video 控制項，定義播放器 -->
        <video id="video" controls></video>
    </div>
</div>
</body>
```

至此，我們已經編寫了好了 id 值為 container、支援拖曳上傳媒體檔案的區塊元素容器，並在區塊元素容器中引入了 id 值為 gobutton 的播放響應按鈕、承載 CID 訊息輸入的 <input> 元素及承載影片媒體的 <video> 元素，並設定了對應的 CSS 樣式。

切換至專案根目錄，在終端中鍵入 npm install 安裝相依套件，鍵入 npm start 指令，啟動專案預覽。

```
$ cd video-stream-ipfs
$ npm install
$ npm start
```

在瀏覽器中打開 http://localhost:8888，如圖 8-7 所示。一個簡易的播放器模組效果已經顯示在瀏覽器網頁中。

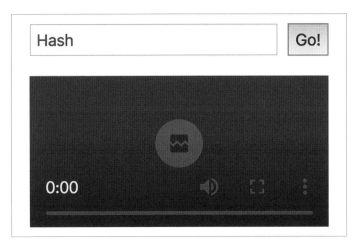

圖 8-7　簡易串流媒體播放器

8.2.4　開發狀態欄模組

完成播放器頁面模組的編寫之後，需要再編寫一個狀態欄頁面模組，透過統一
事件流輸出，並繪製至頁面 <pre> 文字元素中，來即時觀察顯示 IPFS 網路的連
線狀態及串流媒體的播放狀態。我們將在 index.html 中加入如下程式碼：

```html
<head>
<style type="text/css">
pre {
    flex-grow: 2;
    padding: 10px;
    height: calc(100vh - 45px);
    overflow: auto;
}

</style>
</head>
<body>
        <div id="container" ondrop="dropHandler(event)" ondragover="
            dragOverHandler(event)">

            ...
            <!-- 設定 pre 標籤元素定義預格式化文字，方便顯示狀態資料 -->
            <pre id="output" style="display: inline-block"></pre>
        </div>
</body>
```

同時，我們需要統一事件流的輸出格式。為此，我們建立 utils.js 檔案和箭頭函數 log()，並將工具函數都集合在 utils.js 中管理。

log() 函數的工作是將所傳入的訊息資料統一換行顯示在 pre 頁面元素之下。

```javascript
// utils.js

const log = (line) => {
    const output = document.getElementById('output')
    let message

    // 如果 log() 中傳入的是 err 物件，則需要將 err message 物件轉換格式
    if (line.message) {
        message = `Error: ${line.message.toString()}`
    } else {
        message = line
    }

    // 如果 log() 中傳入的是自訂 message 訊息，設定換行輸出，並在尾部 DOM 上追加
      log message
    if (message) {
        const node = document.createTextNode(`${message}\r\n`)
        output.appendChild(node)
        output.scrollTop = output.offsetHeight
        return node
    }
}
```

至此，狀態欄頁面模組也已經準備完成，待主邏輯事件開發完成後，就能看到圖 8-8 所示的狀態欄效果，即可以即時顯示 IPFS 網路的連線狀態及串流媒體的播放狀態。

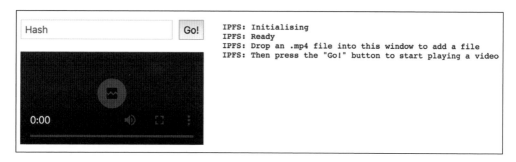

圖 8-8　狀態欄頁面模組

8.2.5　引入 js-ipfs 模組

js-ipfs 於 2018 年年中發布，這是一個完全用 JavaScript 編寫、可以執行在 Node.js 和 Web 瀏覽器之上的完整實現，是除了 Go 語言實現版本之外，蘊含 IPFS 所有特性和功能最為完整的原生函式庫，如圖 8-9 所示。它為開發者在瀏覽器及 Web 應用中整合 IPFS 協定、啟動、執行、操作 IPFS 節點提供了強有力的支援。這也是本專案的重點模組，我們將使用 js-ipfs 來讀寫和存取串流媒體資料，並在 Web 瀏覽器中播放。

我們可以透過 npm 套件管理工具來快速安裝 js-ipfs。

```
$ cd video-stream-ipfs
$ npm install ipfs --save
```

本例中整合的是 0.33.1 版本，其他版本可以在 https://github.com/ipfs/js-ipfs 中獲取到。

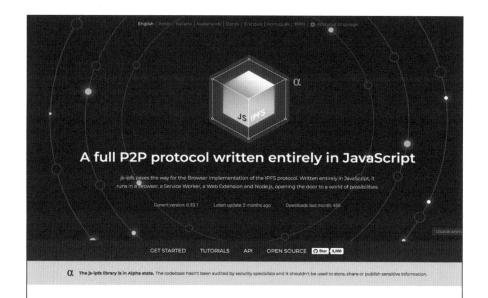

FEATURES

Packed with all the things you know and love about IPFS. This implementation also carries some extra neat things that are unique to the Browser. It's the toolkit to power all your DWeb Applications.

Run on Node.js and the Browser

js-ipfs works out of the box on Node.js, Electron and any modern browser. It is also customizable by design so that you can use it on your favorite runtime.

Implements the full IPFS Stack

No feature was left behind. js-ipfs is not a light client, it is the full implementation of the IPFS protocol.

Use PubSub to communicate in realtime with the other peers

IPFS nodes can create network topologies based on topics of interest to broadcast events in realtime.

Add and retrieve files from anywhere in the IPFS Network

IPFS is designed to use the power of Content Addressing to find the nodes in the network that have the content you are looking for. In the same way, you can add data and other nodes will find it too.

Use the DAG API to traverse over any hash linked data structure

IPFS uses IPLD, the InterPlanetary Linked-Data, a model that enables you interact with data from multiple sources, such as git, blockchains and more.

libp2p is built in

libp2p is the Modular Networking Stack that was created for IPFS and now you can use it through IPFS for your application directly as well.

Run it as a daemon

js-ipfs also comes with the option to run it as a daemon so that you can interact with it using the HTTP API that you are familiar with from go-ipfs.

Create stable addresses for changing data

It comes with IPNS, the Interplanetary Naming System, a way to author mutable pointers (records) to distribute updates in an authenticated and certified way.

圖 8-9　js-ipfs

```
// package.json
{
    "dependencies": {
        "ipfs": "^0.33.1"
    }
}
```

8.2.6　實現拖曳上傳

在 utils.js 中定義箭頭函數 drapDrop()，負責處理拖放檔案至瀏覽器之中的響應
事件，並將檔案添加至 IPFS 中。

```
// utils.js

const dragDrop = (ipfs) => {
    const container = document.querySelector('#container')

    container.ondragover = (event) => {
        event.preventDefault()
    }

    // 頁面元件中引入的 HTML DOM 事件 ondrop() 具體實現
    container.ondrop = (event) => {
        event.preventDefault()

        // 設定被拖放物件為陣列
        Array.prototype.slice.call(event.dataTransfer.items)
            // 過濾檔案類型
            .filter(item => item.kind === 'file')
            .map(item => item.getAsFile())
            .forEach(file => {
                const progress = log(`IPFS: Adding ${file.name} 0%`)
                // 建立 window 檔案讀取器
                const reader = new window.FileReader()
                reader.onload = (event) => {
                // 透過 ipfs.add() 以 buffer 形式添加串流媒體資料至 ipfs-unixfs-
                    engine 中
                    ipfs.add({
                        path: file.name,
                        content: ipfs.types.Buffer.from(event.target.
                            result)
```

```
                }, {
                    progress: (addedBytes) => {
                    // 在狀態欄中動態輸出添加進 IPFS 的百分比進度
                        progress.textContent = `IPFS: Adding ${file.
                            name} ${parseInt((addedBytes / file.
                            size) * 100)}%\r\n`
                    }
                }, (error, added) => {
                    if (error) {
                        return log(error)
                    }
                    // 獲取串流媒體在 IPFS 中生成的 CID Hash 資料
                    const hash = added[0].hash
                    // 在狀態欄中輸出流
                    log(`IPFS: Added ${hash}`)
                    // 更新頁面元件中的 CID 內容框資料
                    document.querySelector('#hash').value = hash
                })
            }
            // 將串流媒體檔案持續以 buffer 的形式讀入 window 檔案讀取器
            reader.readAsArrayBuffer(file)
        })

    // 清除拖放內容快取
    if (event.dataTransfer.items && event.dataTransfer.items.clear) {
        event.dataTransfer.items.clear()
    }

    if (event.dataTransfer.clearData) {
        event.dataTransfer.clearData()
    }
    }
}
```

8.2.7 從 IPFS 中讀取串流媒體至播放器

在 index.js 中定義全域業務流程，負責初始化 IPFS 服務，初始化拖放方法，並設定從 IPFS 中讀取串流媒體至瀏覽器播放器的按鈕事件。

```
// index.js
```

```javascript
// 匯入 IPFS 相依套件
const Ipfs = require('ipfs')
// 匯入 videostream 相依套件
const videoStream = require('videostream')

// 建立 IPFS 實例物件
const ipfs = new Ipfs({ repo: 'ipfs-' + Math.random() })

// 匯入 utils.js 工具方法
const {
    dragDrop,
    statusMessages,
    createVideoElement,
    log
} = require('./utils')

log('IPFS: Initialising')

// 啟動 IPFS 服務
ipfs.on('ready', () => {
    // 初始化 <video> 監聽器
    const videoElement = createVideoElement()
    const hashInput = document.getElementById('hash')
    const goButton = document.getElementById('gobutton')
    let stream

    goButton.onclick = function (event) {
        event.preventDefault()

        log(`IPFS: Playing ${hashInput.value.trim()}`)

        // 設定影片軌，並附加進 <video>
        videoStream({
            createReadStream: function createReadStream (opts) {
                const start = opts.start
                const end = opts.end ? start + opts.end + 1 : undefined
                log(`Stream: Asked for data starting at byte ${start}
                    and ending at byte ${end}`)
                if (stream && stream.destroy) {
                    stream.destroy()
                }
                // 在流媒體傳輸過程之中，使用 ipfs.catReadableStream() 將內
                    容轉化成流資料來讀取
                stream = ipfs.catReadableStream(hashInput.value.trim(), {
```

```
                            offset: start,
                            length: end && end - start
                    })
                    stream.on('error', (error) => log(error))
                    if (start === 0) {
                        // 等待提示語
                        statusMessages(stream, log)
                    }
                    return stream
                }
        }, videoElement)
    }

    // 初始化拖放方法
    dragDrop(ipfs, log)

    log('IPFS: Ready')
    log('IPFS: Drop an .mp4 file into this window to add a file')
      log('IPFS: Then press the "Go!" button to start playing a
video')

    hashInput.disabled = false
    goButton.disabled = false
})
```

8.2.8　處理串流媒體播放狀態

在 utils.js 中定義箭頭函數 createVideoElement()，負責在頁面 <video> 元素內設定針對不同播放器狀態（如播放、暫停、等待、載入、結束等）事件的監聽響應，並將所有狀態進行輸出顯示在狀態欄之中。當取得到串流媒體資料時，設定 video DOM 開始播放，當產生錯誤時，捕獲並輸出。

```
// utils.js

const createVideoElement = () => {
    const videoElement = document.getElementById('video')
    videoElement.addEventListener('loadedmetadata', () => {
        videoElement.play()
            .catch(log)
    })
```

```
const events = [
    'playing',
    'waiting',
    'seeking',
    'seeked',
    'ended',
    'loadedmetadata',
    'loadeddata',
    'canplay',
    'canplaythrough',
    'durationchange',
    'play',
    'pause',
    'suspend',
    'emptied',
    'stalled',
    'error',
    'abort'
]
events.forEach(event => {
    videoElement.addEventListener(event, () => {
        log(`Video: ${event}`)
    })
})

videoElement.addEventListener('error', () => {
    log(videoElement.error)
})

return videoElement
}
```

8.2.9　開發總結

至此，基於 js-ipfs 的串流媒體播放系統的核心模組已經建構完成。我們可以試著切換至專案根目錄，重新執行專案。

```
$ cd video-stream-ipfs
$ npm install
$ npm start
```

在瀏覽器中打開 http://localhost:8888，播放器效果如圖 8-10 所示。我們可以透過瀏覽器視窗拖曳上傳串流媒體檔案（例如：test.mp4）至 IPFS，獲取其對應的 CID 訊息，顯示在播放器中，並透過 CID 訊息從 IPFS 中讀取流資料至瀏覽器中，即時控制播放狀態和流資料狀態。

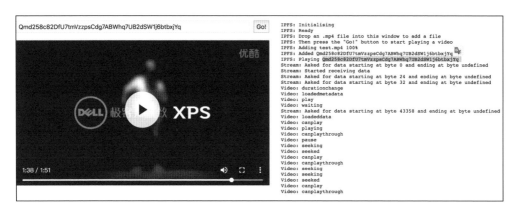

圖 8-10　基於 js-ipfs 的串流媒體播放器效果示範

希望透過對這個專案的講解，讓大家了解 js-ipfs 在前端專案中的使用方式，尤其注意如何使用 videoStream 和 ReadableStream 將影片資料從 IPFS 中動態寫入和讀出。如果大家需要下載原始碼舉一反三，可以在官方實例中取得，網址如下：

https://github.com/ipfs/js-ipfs/tree/master/examples/browser-readablestream

8.3　本章小結

IPFS 協定最早是由 Go 語言完整實現的，go-ipfs 也是目前為止疊代最頻繁、使用最多的原生函式庫，在第 6 章和第 7 章中對其做了大量的介紹。本章，我們在第二個實戰專案中，特地補充了 js-ipfs 原生函式庫的知識，這是一個完全由 JavaScript 編寫、可以執行在 Node.js 和 Web 瀏覽器之上的完整實現，於 2018

年年中發布。它是除了 Go 語言實現版本之外，蘊含 IPFS 特性和功能最為完整的原生函式庫。

本章分別基於 go-ipfs 和 js-ipfs 兩個不同的 IPFS 原生函式庫，設計了兩個不同類型的實戰專案，一個是利用 go-ipfs 對既有系統進行最佳化，另一個是利用 js-ipfs 獨立開發串流媒體 Web 應用。希望讀者透過對本章內容的學習，可以親自上手使用 IPFS 相關技術進行程式開發，在專案實作中加深對 IPFS 知識的功能和用法的理解。

IPFS 原理與實戰

作　　者：董天一 / 戴嘉樂 / 黃禹銘
企劃編輯：莊吳行世
文字編輯：江雅鈴
設計裝幀：張寶莉
發 行 人：廖文良

發 行 所：碁峰資訊股份有限公司
地　　址：台北市南港區三重路 66 號 7 樓之 6
電　　話：(02)2788-2408
傳　　真：(02)8192-4433
網　　站：www.gotop.com.tw
書　　號：ACD020400
版　　次：2020 年 10 月初版
建議售價：NT$380

國家圖書館出版品預行編目資料

IPFS 原理與實戰 / 董天一, 戴嘉樂, 黃禹銘原著.-- 初版.-- 臺
　北市：碁峰資訊, 2020.10
　　面； 公分
　　ISBN 978-986-502-636-3(平裝)
　1.通訊協定　2.網際網路
312.162　　　　　　　　　　　　　　　　　　109015361

讀者服務

● 感謝您購買碁峰圖書，如果您
  對本書的內容或表達上有不清
  楚的地方或其他建議，請至碁
  峰網站：「聯絡我們」\「圖書問
  題」留下您所購買之書籍及問
  題。(請註明購買書籍之書號及
  書名，以及問題頁數，以便能
  儘快為您處理)
  http://www.gotop.com.tw

● 售後服務僅限書籍本身內容，
  若是軟、硬體問題，請您直接
  與軟體廠商聯絡。

● 若於購買書籍後發現有破損、
  缺頁、裝訂錯誤之問題，請直
  接將書寄回更換，並註明您的
  姓名、連絡電話及地址，將有
  專人與您連絡補寄商品。